Betonbauwerke in Abwasseranlagen

W0066704

Betonbauwerke in Abwasseranlagen

Edwin Bayer
Rolf Kampen
Norbert Klose
Helmut Moritz

Herausgeber
Bundesverband der Deutschen Zementindustrie, Köln

Die Deutsche Bibliothek – CIP-Einheitsaufnahme

Betonbauwerke in Abwasseranlagen / Hrsg. Bundesverband der
Deutschen Zementindustrie, Köln. Edwin Bayer . . . – 3., überarb.
Aufl. – Düsseldorf: Beton-Verl., 1995

ISBN 3-7640-0334-0

NE: Bayer, Edwin: Bundesverband der Deutschen Zementindustrie

© by Beton-Verlag GmbH, Düsseldorf, 1984
3. überarbeitete Auflage 1995

Diese Broschüre wurde auf umweltfreundlichem Papier (aus chlorfrei
gebleichtem Zellstoff) gedruckt.

Titelbild: Kläranlage Arnsberg-Neheim, 75 000 EW
Satz / Druck / Verarbeitung: Boss-Druck, Kleve
Reproduktionen: Loose Durach, Remscheid

Vorwort

Bereits im Altertum hatten fortschrittliche Kulturen aus Erfahrung Kenntnisse über die notwendige Siedlungshygiene. Die etwa 4000 Jahre alte Stadt Mohenjo-Daro, die am Indus ausgegraben wurde, ist dafür ein frühes Zeugnis. Die Stadt hatte etwa 40 000 Einwohner und ein perfektes System von Abwurfschächten und Kanälen. Das Wissen wurde fortentwickelt und blieb bis in die Zeit der Römer erhalten, geriet allerdings im Mittelalter in Europa weitgehend in Vergessenheit. Erst katastrophale Seuchen führten schließlich im vorigen Jahrhundert zu den Grundlagen einer neuzeitlichen Hygiene mit einer geordneten Abwasserfortleitung und -behandlung.

Nach der Erprobung und Verbesserung, inbesondere der biologischen Behandlungsverfahren, hat in den letzten Jahren auch durch die Verschärfung der gesetzlichen Vorschriften eine rasante Entwicklung beim Neu- und Ausbau von Abwasserbehandlungsanlagen in Deutschland eingesetzt. Hinzu kommt das enorme Vollzugsdefizit in den neuen Bundesländern. Gleichzeitig sind in großem Umfang vorhandene undichte Kanalisationen zu sanieren und Regenwasserspeicherräume zu bauen. Für diese Programme wird in Deutschland mit Gesamtinvestitionen von rund 250 Mrd. DM in den nächsten 10 Jahren gerechnet. Damit stehen die planenden und bauausführenden Ingenieure und Firmen vor einer großen Herausforderung. Besondere Bedeutung messen wir aus der Sicht der Anlagenbetreiber einer sorgfältigen Planung und einer qualitativ hochwertigen Bauausführung bei. Der durch rechtliche Vorgaben erzeugte Termindruck darf nicht zu Qualitätsminderungen an den Bauwerken führen, die für eine lange Lebensdauer unter besonders hohen Beanspruchungen geplant werden. Wir begrüßen es deshalb besonders, daß gerade in dieser Zeit eine neue und in weiten Teilen verbesserte Auflage der Broschüre „Betonbauwerke in Abwasseranlagen" erscheint. Das Kapitel „Abwasserleitungen" enthält begrüßenswerterweise jetzt auch einen Abschnitt über die instandhaltungsgerechte Planung von Kanalisationen. Das wichtige Kapitel „Räumerlaufbahnnen" wurde neu aufgenommen.

Ich wünsche der mit großem Sachverstand überarbeiteten Schrift eine weite Verbreitung und Beachtung unter den planenden und bauausführenden Ingenieuren, die mit der Sorgfalt ihrer Arbeit einen wichtigen Beitrag zum Wohl der Allgemeinheit leisten und langfristig gesehen zu kostengünstigen Lösungen beitragen können.

Prof. Dr.-Ing. E. h. Klaus R. Imhoff
Präsident der Abwassertechnischen Vereinigung (ATV)
Technischer Vorstand des Ruhrverbands

Vorwort zur 3. Auflage

Die dritte Auflage der Broschüre „Betonbauwerke in Abwasseranlagen" erscheint als überarbeitete Fassung der vergriffenen zweiten Auflage aus dem Jahre 1992. Neue Regelwerke, Richtlinien und Veröffentlichungen fanden ebenso Berücksichtigung wie neue bautechnische, betontechnologische und betriebliche Erfahrungen. Hervorzuheben ist die Einarbeitung der neuen Zementnorm DIN 1164 „Zement: Zusammensetzung, Anforderungen", die aufgrund europäischer Regelungen gegenüber der Ausgabe 3.90 eine neue Einteilung und neue Bezeichnungen der Zemente sowie geänderte Zementfestigkeitsklassen enthält. Dem hohen Stellenwert des Umweltschutzes bei der Abwasserableitung wurde Rechnung getragen durch Ausführungen zur neuen Generation der Abwasserrohre mit „lückenloser" Qualitätsüberwachung und Qualitätsprüfung der Ausgangsstoffe, Rohrherstellung und Rohrdichtungen (FBS-Richtlinie) sowie zur Verlegung von Abwasserleitungen und deren Dichtheit (Güteschutz Kanalbau). Aus gleichem Grund wurden neue gutachterliche Untersuchungen und Veröffentlichungen zu Schäden in Abwasserkanälen und ihrer Umweltrelevanz/Sanierungspriorität aufgenommen.

Die Broschüre soll einen Beitrag für dauerhafte und wirtschaftliche Betonbauwerke in Abwasseranlagen und zum Umweltschutz leisten. Verbesserungs- und Ergänzungsvorschläge sind erwünscht.

Köln, im Oktober 1994   Die Verfasser

Inhalt

10

1 Einführung

Betonbauwerke werden in Abwasseranlagen vielfältigen Beanspruchungen aus Betrieb und Umwelt ausgesetzt. Damit diese den Einflüssen während der gesamten Nutzungsdauer widerstehen können, muß der Beton entsprechend zusammengesetzt, entmischungsfrei gefördert und eingebracht, vollständig verdichtet und ausreichend lange nachbehandelt werden. Darüber hinaus sind besondere Anforderungen z. B. an die Wasserdichtheit, an die geschalten Betonflächen der Becken sowie an Betriebswege und Räumerlaufbahnen zu stellen.

Um Planern, Konstrukteuren und Ausschreibenden ein praxisnahes Hilfsmittel an die Hand zu geben, faßt die vorliegende Ausarbeitung in knapper Form die betontechnischen Forderungen mit den beim Bau und Betrieb von Abwasseranlagen gemachten Erfahrungen und Erkenntnissen zusammen. Die Ausführungen der Kapitel 2 und 7 beziehen sich im wesentlichen auf die Bauwerke und Bauteile von Klärwerken und sind in „Empfehlungen" und „Technische Vorbemerkungen" unterteilt. Die Empfehlungen umfassen die erforderlichen Voraussetzungen und Maßnahmen für Planung, Entwurf und Ausschreibung der Betonarbeiten und begründen im einzelnen die aufgestellten Forderungen. Der Stand heutiger Kenntnisse und einschlägige Erfahrungen, die teilweise über die noch gültigen Festlegungen der Normen hinausgehen, werden in Tafeln und Bildern zusammengestellt. Besonderes Gewicht wird auf die Dauerhaftigkeit der Betonbauteile gelegt.

Zwei für Betrieb und Instandhaltung wesentliche Themen sind in der vorliegenden Auflage in neuen Kapiteln behandelt: „Räumerlaufbahnen" und „Schutz und Instandsetzung von Betonbauteilen". Die Räumerlaufbahnen werden mit den verschiedenen Möglichkeiten der baulichen Ausbildung, der Fugenübergänge und der Eisfreihaltung im Winterbetrieb in Kapitel 3 ausführlich diskutiert. Für die Beseitigung von Mängeln und Schäden an älteren Anlagen werden in Kapitel 6 die möglichen Ursachen aufgezeigt und gezielte Hinweise für Schutz und Instandsetzung gegeben.

Die Betontechnischen Vorbemerkungen in Kapitel 7 enthalten ausschließlich die vom Planer an die Bauausführung zu stellenden betontechnischen Forderungen. Der Text ist so aufbereitet, daß er ohne Umarbeitung in die Ausschreibung übernommen werden kann.

Zur Gewährleistung einer leistungsfähigen Abwasseranlage ist ebenso ein funktionstüchtiges Entwässerungssystem von ausschlaggebender Bedeutung. Dieses sammelt die häuslichen, gewerblichen und industriellen Abwässer sowie das

◀ Klärwerk Köhlbrandhöft, Hamburg

Regenwasser und übernimmt den Transport zum Klärwerk. Als Bauelemente der Abwasserableitung werden neben Ortbetonbauteilen überwiegend Rohre aus Beton, Stahlbeton, Spannbeton und Faserzement verwendet. Wegen ihrer großen Bedeutung werden die verschiedenen Rohre und die Rohrleitung als Gesamtheit mit den dazugehörigen Kurven-, Verbindungs- und Absturzbauwerken in Kapitel 4 behandelt.

Sulfidhaltige Abwässer können zu Korrosion, Störungen, Geruchsbelästigungen und Gefährdungen im Betrieb führen. Deshalb ist über die baulichen Maßnahmen in Abwasserleitungen hinaus eine Übersicht über Grundlagen, Entstehung und Vermeidung der Sulfidentwicklung in Kapitel 5 gegeben. Damit kann Sulfidproblemen bereits in der Planungsphase wirksam begegnet werden. Verbessernde Maßnahmen bei bereits bestehenden Anlagen werden ebenfalls angegeben.

Der Anhang enthält abgedruckt für die Planung von Abwasseranlagen besonders wichtige Richtlinien und Merkblätter, eine Aufstellung aller verwendeten Normen, Richtlinien, Merkblätter (gültig ist die jeweils neueste Fassung) und Veröffentlichungen sowie ein Sachwortverzeichnis.

2 Entwurf und Ausführung von Betonbauteilen

Tragfähigkeit, Gebrauchstauglichkeit (z.B. Wasserdichtheit) und *Dauerhaftigkeit* (z. B. Korrosionsschutz der Bewehrung) wasserdichter Bauteile in Abwasseranlagen können durch Risse beeinträchtigt werden. Risse lassen sich nicht grundsätzlich vermeiden und sind nicht grundsätzlich schädlich. Ihre Breite muß jedoch auf ein unschädliches Maß beschränkt (Abschnitt 2.1 und 2.2) werden, andernfalls ist der Riß planmäßig zu schließen (Abschnitt 6.1.4). Schalenrisse mit geringer Rißtiefe beeinträchtigen die Wasserdichtheit i. d. R. nicht. Sie können jedoch in bezug auf die Dauerhaftigkeit durchaus von Bedeutung sein. Trennrisse, die den gesamten Querschnitt durchdringen, sind in beiden Fällen ungünstiger zu beurteilen.

Risse sind überwiegend auf Zwangbeanspruchung (z. B. durch Abfließen der Hydratationswärme oder Schwinden) zurückzuführen. Solche Beanspruchungen können entweder durch konstruktive Maßnahmen vermieden bzw. geringgehalten oder durch Bewehrung aufgenommen werden.

Hierfür stehen die nachfolgend aufgeführten Maßnahmen zur Verfügung:
- Anordnung von Fugen (Abschnitt 2.1)
- Anordnung von Bewehrung zur Beschränkung der Rißbreite (Abschnitt 2.2)
- Aufbringen einer Vorspannung (bei besonderen Bauteilen).

Zunächst sollte im Einzelfall festgestellt werden, ob durch betontechnologische, ausführungstechnische und konstruktive Maßnahmen das Entstehen von Zwangbeanspruchungen vermieden oder verringert werden kann. Erst wenn feststeht, daß derartige Maßnahmen nicht ausreichend sind oder nicht ausgeführt werden können, sollte eine besondere Bewehrung vorgesehen werden.

Zwangbeanspruchungen lassen sich auch durch eine konstruktive Durchbildung des Bauwerks vermindern. Dazu gehören
- Vermeidung großer Querschnittsänderungen in Sohle und Wänden,
- Vermeidung von Verzahnungen im Erdreich (Sohlversprünge),
- Vermeidung von Kerbspannungen (z. B. bei Aussparungen).

2.1 Fugen

Bewegungsfugen, Scheinfugen und Arbeitsfugen verlangen eine detaillierte Planung und Durchbildung sowie eine sorgfältige Ausführung; denn wasserdichte Bauteile müssen bei allen drei Fugenarten auch wasserdichte Fugen aufweisen. Darüber hinaus sind besondere Maßnahmen bei der Fugenkonstruktion zu treffen, wenn die Fuge mechanisch beansprucht wird (s. Räumerlaufbahn) oder eine Beschichtung vorgesehen ist.

13

Die Fugenabstände in der nachträglich betonierten Wand sind abhängig von der Differenz zwischen der Temperatur der Sohle zum Zeitpunkt des Betonierens und der Höchsttemperatur des erhärtenden Betons der Wand sowie vom unterschiedlichen Erhärtungsgrad (E-Modul). Eine möglichst geringe Differenz der Temperatur und E-Moduli des jungen Betons der Bauteile vermindert die Gefahr wilder Risse. Das Betonieren von Sohle und Wand innerhalb weniger Tage ist deshalb anzustreben. Bei sonst gleichen Bedingungen nimmt die Temperaturdifferenz mit der Wanddicke zu.

Für Wanddicken zwischen 30 und 100 cm gelten als Anhaltswerte für die Scheinfugenabstände 8 bis 5 m. Die Mindestdicke der Wand sollte aus Gründen der Ausführbarkeit 30 cm nicht unterschreiten.

Wenn die erforderlichen Abstände und Breiten der Bewegungsfugen nicht rechnerisch nachgewiesen werden, können die in Tafel 2.1 angegebenen Maße als Anhalt dienen.

Tafel 2.1: Fugenabstände und Fugenbreiten

Bauteile / Bauwerke	Fugenabstand	Fugenbreite
Unter Wasser liegende und erdangedeckte Bauteile	< 8 m	$\geqq$ 25 mm
Der Sonne ausgesetzte Bauteile	< 6 m	$\geqq$ 20 mm
Hochbauten wie Pumpwerke, Betriebsgebäude o. ä.	< 15 m	$\geqq$ 30 mm

2.1.1 Bewegungsfugen

Bewegungsfugen (von der Konstruktion her Raumfugen) sind im Entwurf festgelegte Unterbrechungen von Bauwerken und Bauteilen, damit Formänderungen (infolge Temperatur, Schwinden) und Bewegungen (z. B. bei unterschiedlicher Setzung aneinandergrenzender Bauwerksteile) stattfinden können, ohne daß unzulässige Spannungen und wilde Risse auftreten. Eine ungehinderte Bewegung wird sichergestellt durch eine ausreichende Fugenbreite (abhängig von der Länge des Bauteils und der größten auftretenden Temperaturdifferenz), durch vollständige Unterbrechung der Bewehrung und durch eine Fugeneinlage (am besten Weichfaserplatten), die durch eine dauerelastische Fugenmasse, wie z. B. Polyurethan o. ä., geschützt ist. Die Fugeneinlage muß gewährleisten, daß keine Fremdkörper (z. B. Kieskörner) in die Fuge eindringen, die eine ungehinderte Bewegung beeinträchtigen. Bei Fugen zwischen Fertigteilen bzw. bei Instandsetzungen haben sich auch Kompressionsdichtungen bewährt, die nachträglich eingestemmt werden. Voraussetzung für den Erfolg sind allerdings dichte, ebene und lunkerfreie Betonflanken im Einbaubereich und ein fachgerechter Einbau.

14

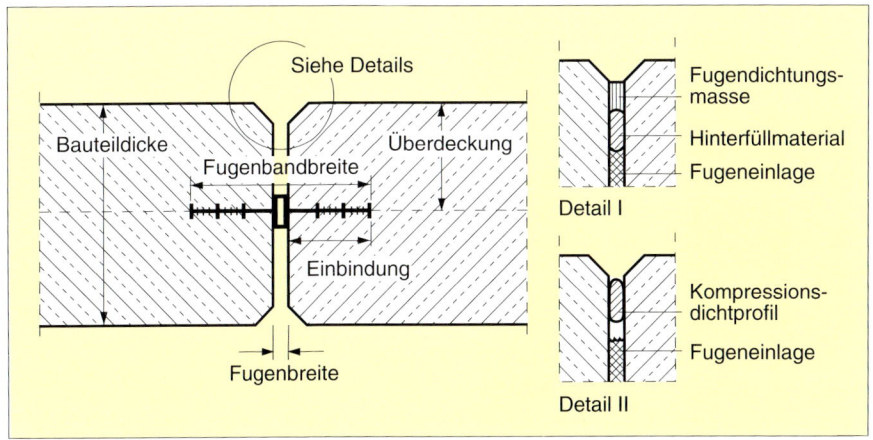

Bild 2.1: Mittig eingebautes Dehnfugenband mit Fugenabdichtung (Prinzipskizze)

Bei Behältern wird die Wasserdichtheit der Bewegungsfugen in der Regel durch mittig angeordnete Dehnfugenbänder (Weich-PVC oder Kunstkautschuk) erreicht. Dabei muß die Einbindung kleiner als die Überdeckung und die Mindestbreite der Fugenbänder 32 cm sein (Bild 2.1). Die Abdeckung des Fugenspaltes erfolgt mit Hinterfüllmaterial und Fugendichtungsmasse (Detail I) oder durch Verwendung eines Kompressionsdichtprofils (Stemmdichtung/Detail II).

Für extreme Bewegungen und aus betrieblichen Gründen können außenliegende, auswechselbare Fugenbänder zweckmäßig sein, die mit einer Druckschiene angeklemmt oder angeschraubt werden. Dies ist nur sinnvoll, wenn die Bänder auch später zugänglich sind.

An Kreuzungen von Bewegungsfugen und horizontalen Arbeitsfugen ist die Arbeitsfugendichtung zu unterbrechen. Der Anschluß an das Dehnfugenband muß wasserdicht erfolgen. Bei Verwendung von Blechen können diese an das Dehnfugenband durch Klemmen oder Schweißen (bei Fugenbändern mit Stahldichtungslaschen) befestigt werden.

2.1.2 Scheinfugen

Werden Sohle und Wände wasserdichter Bauwerke in einem Arbeitsgang, d. h. ohne dazwischenliegende Arbeitsfuge betoniert, so wird das Rißrisiko (Spaltrisse) vermindert, und Scheinfugen können entfallen. Diese Verfahrensweise geht von der Voraussetzung aus, daß in Sohle und Wand annähernd gleiche Temperatur- und Schwindverformungen auftreten.

Wenn auf die bereits erhärtete Sohle aufbetoniert wird, müssen bei großen Wandlängen in den Wänden Scheinfugen angeordnet werden. Bei Schein-

15

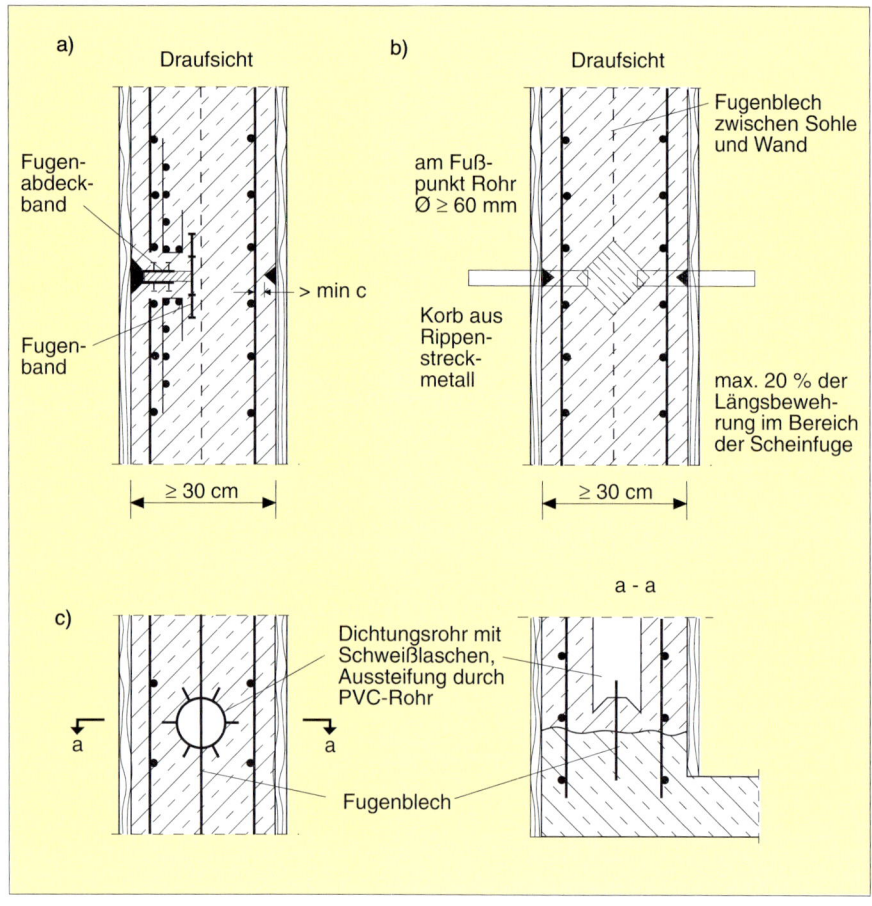

a) Draufsicht

Fugen-abdeck-band

Fugen-band

≥ 30 cm

> min c

b) Draufsicht

am Fuß-punkt Rohr
Ø ≥ 60 mm

Korb aus Rippen-streck-metall

≥ 30 cm

Fugenblech zwischen Sohle und Wand

max. 20 % der Längsbeweh-rung im Bereich der Scheinfuge

a - a

c)

a

a

Dichtungsrohr mit Schweißlaschen, Aussteifung durch PVC-Rohr

Fugenblech

Bild 2.2: Scheinfugen: Schwächung des Querschnitts

fugen wird im Gegensatz zu Bewegungsfugen keine Fugenbreite vorgegeben, da Scheinfugen nur der Verkürzung eines Bauteils durch Schwinden und Temperaturabnahme Rechnung tragen. Der Bauteilquerschnitt wird um mindestens 25 Prozent geschwächt, so daß eine Sollbruchstelle entsteht. Durch eingelegte Dreikant- oder Trapezleisten wird der Riß „geführt"; das Mindestmaß der Betondeckung (s. Abschnitt 2.6) ist auch im Bereich dieser Einlagen einzuhalten. Die eigentliche Schwächung wird z. B. durch eingestellte Bretter, Rohre oder Aussparungskörper aus Rippenstreckmetall erreicht.

Die Wasserdichtheit wird durch Fugenbänder (Bild 2.2a, oben links), durch Plomben (Bild 2.2b, oben rechts) oder durch Dichtungsrohre (Bild 2.2c, unten) hergestellt. Durch das am Fußpunkt des Aussparungskörpers eingebaute Rohr (Bild 2.2b) fließen gegebenenfalls durch das Rippenstreckmetall hindurch-

16

tretende Schlempe und Wasser ab. Wird der Aussparungskörper durch ein Fugenband oder Fugenblech gekreuzt (Regelfall), sind zwei Rohre anzuordnen (Bild 2.2 b). Die Aussparungskörper werden – in der Regel frühestens nach 4 bis 6 Wochen – mit Beton oder Injektionsmörtel verfüllt. Um die Rißausbildung im vorgegebenen Querschnitt nicht zu behindern, sollte bei einem hohen Bewehrungsanteil die durchlaufende Bewehrung im Fugenbereich auf ca. 20 Prozent reduziert werden.

2.1.3 Arbeitsfugen

Wird der Betoniervorgang unterbrochen und der nächste Abschnitt erst betoniert, wenn der Beton des vorhergehenden bereits erhärtet ist, entstehen Arbeitsfugen. Sie sind soweit wie möglich zu vermeiden, da sie Schwachstellen im Betonbauteil darstellen können und einen erhöhten Arbeitsaufwand erfordern. Arbeitsfugen sollen in Bereichen liegen, in denen der Betonquerschnitt insbesondere hinsichtlich der Querkräfte nicht voll ausgenutzt ist. Die aneinanderstoßenden Betonschichten müssen kraftschlüssig verbunden sein. Sofern in Wandabschnitten keine Scheinfugen angeordnet werden, gelten für die Abstände der Arbeitsfugen ebenfalls 5 bis 8 m als Anhaltswerte.

Die Anschlußflächen sollen rauh und die Zuschlagkörner möglichst freigelegt sein, um einen zuverlässigen Verbund in der Fuge zu erreichen. Dazu müssen Feinmörtelschichten und lose Betonreste z. B. mit Druckluft entfernt werden. Die aufwendige mechanische Bearbeitung läßt sich verringern, wenn der Beton an der Oberfläche der geschalten Fugen verzögert, Noppenfolie in die Schalung eingelegt oder Rippenstreckmetall als Abschalung verwendet wird. Weitere notwendige Vorbereitungen sind unter „Einbringen des Betons" (Abschnitt 2.7) ausgeführt. Arbeitsfugen sollen – soweit sie nicht horizontal verlaufen – grundsätzlich eingeschalt werden, um eine einwandfreie Verdichtung zu ermöglichen. Die horizontalen Fugen können sauber und gradlinig durch waagerecht auf die Schalung genagelte Bohlen festgelegt werden, die bis zur Bewehrung und bis ca. 5 cm unter die Solloberfläche des Betonierabschnitts reichen. Die entstandene Aussparung wird beim folgenden Betonierabschnitt ausgefüllt.

Für die Wasserdichtheit der Fugen werden Arbeitsfugenbänder oder Bleche eingebaut (Bild 2.3).

Die Arbeitsfugenbänder sind an Stößen (Stumpfstöße) wasserdicht durch Heißluftschweißen bzw. Vulkanisieren oder Klemmen zu verbinden, auszusteifen, unverschieblich zu befestigen und bis zur Hälfte einzubetonieren. Bei Arbeitsfugen zwischen Sohle und Wand muß deshalb mit der Sohle ein 15 bis 20 cm hoher Sockel betoniert werden. Für Bleche gilt das gleiche. Die Blechdicke sollte für eine ausreichende Steifigkeit gegen Heruntertreten mindestens 1 mm betragen. An Stößen und Kreuzungen werden die Bleche durch Schweißen, Klemmen oder Falzen verbunden, in Ausnahmefällen 20 bis 30 cm mit 5 cm Abstand überlappt. Heißluftgeschweißte und vulkanisierte Fugenbandkreu-

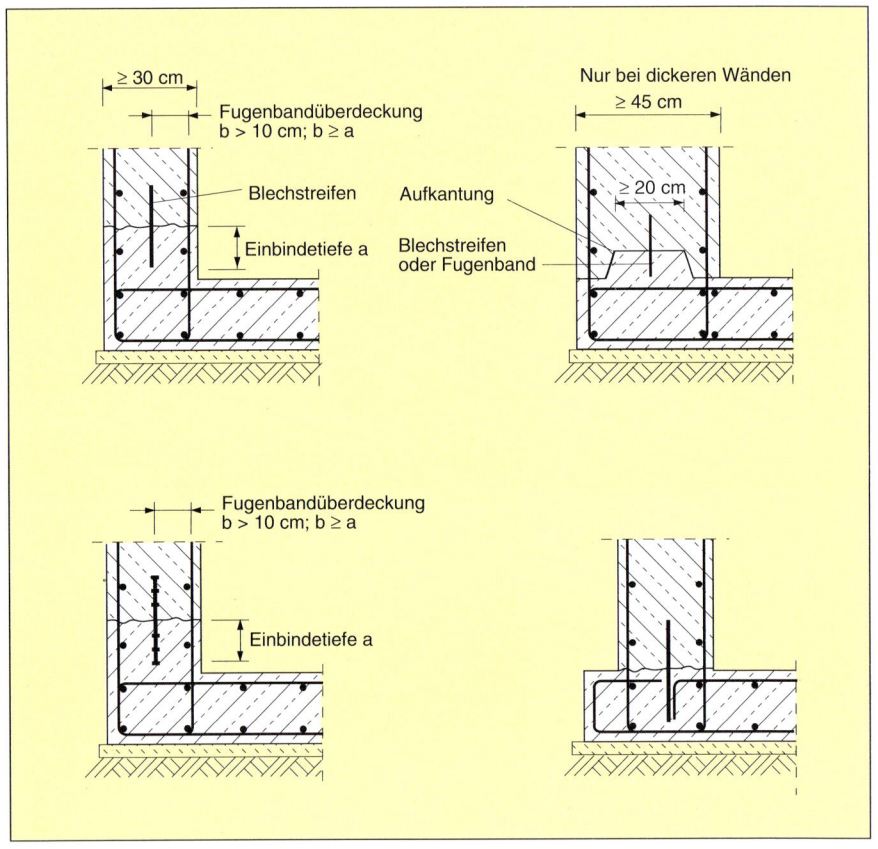

Bild 2.3: Horizontale Arbeitsfuge

zungen, Ecken und T-Stücke sind grundsätzlich werkseitig herzustellen (Bilder 2.4, 2.5 und 2.6).

Werden z. B. bei Behältern Sohle und Wand, wie bereits vorher beschrieben, ohne Arbeitsfuge in einem Arbeitsgang betoniert, müssen selbstverständlich Wandbewehrung und innere Wandschalung vor Betonierbeginn der Sohle montiert sein (Bild 2.7).

Kreuzungen von Scheinfugen und horizontalen Arbeitsfugen werden sinngemäß wie bei Bewegungsfugen ausgeführt. Bei Verwendung von Aussparungskörpern laufen die horizontalen Abdichtungen durch.

Durch zusätzliche Bewehrung (sog. Schwindbewehrung) kann bei schwindbehinderten Bauteilen, wie z. B. im unteren Bereich aufbetonierter Wände, die Rißbreite beschränkt werden (s. Abschnitt 2.2).

18

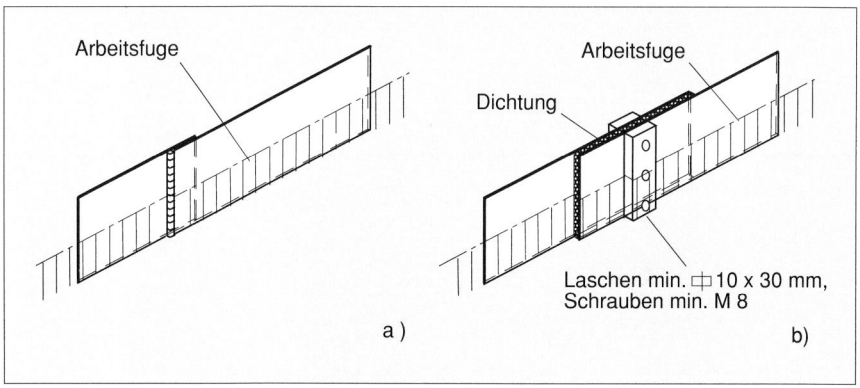

Bild 2.4: Fugenblechstöße; (a) geschweißt, (b) geklemmt [55]

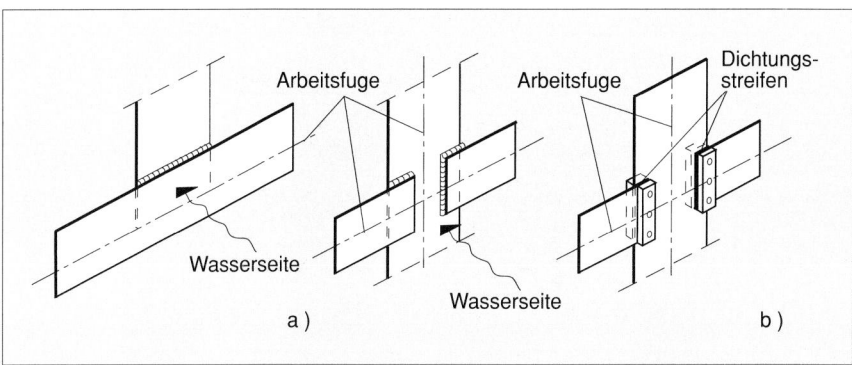

Bild 2.5: Fugenblechkreuzung; (a) geschweißt, links mit durchlaufendem horizontalen Blech, rechts mit durchlaufendem vertikalen Blech; (b) geklemmt [55]

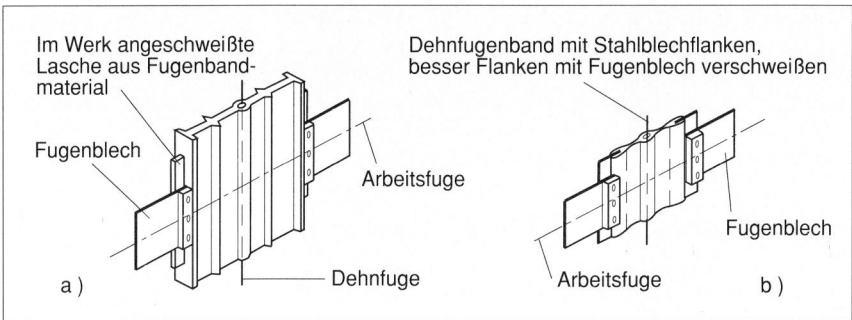

Bild 2.6: Kreuzungen Fugenblech/Fugenband; (a) Fugenblech geklemmt an werkseitig an das Fugenband angeschweißte bzw. anvulkanisierte Lasche aus Fugenbandmaterial, (b) Fugenblech geklemmt an die Stahlblechflanke des Fugenbandes [55]

19

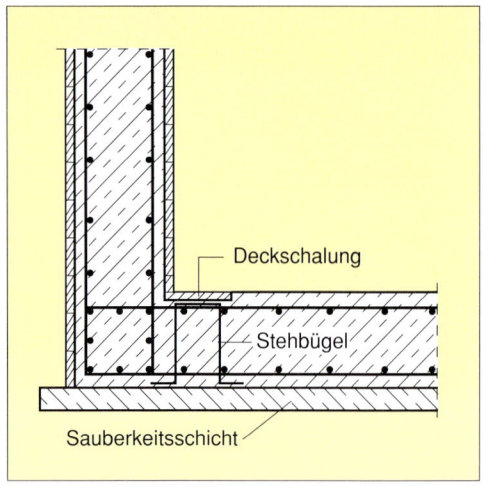

Deckschalung

Stehbügel

Sauberkeitsschicht

Bild 2.7: Wandschalung bei fugenlosem Betonieren

Zur Abdichtung horizontaler Arbeitsfugen, z. B. zwischen Sohle und Wand oder zwischen Wandabschnitten, die abschnittsweise hergestellt werden, sind auch Injektionssysteme in Anwendung, bei denen über ein spezielles Schlauchsystem die Fugen planmäßig mit Injektionsgut (Zementsuspensionen, Polyurethane, Epoxidharze u. a.) verpreßt werden. Auch bei der Anwendung von Injektionssystemen sind Verdichtung und Bearbeitung der Frischbetonoberfläche im Bereich der Anschlußfuge (Entfernen des losen Betons auch im Bereich der Anschlußbewehrung, Abreiben der Frischbetonoberfläche) sorgfältig auszuführen.

Besondere Sorgfalt, Sachkenntnis, handwerkliche Erfahrung und Gewissenhaftigkeit verlangen

– Schlauchanordnung und Beachtung der max. Schlauchlängen (ca. 12 m)
– das Einbetonieren der Verpreß- und Lüftungsenden
– die Lagesicherung: der Schlauch muß durchgehend auf der Betonfläche aufliegen und in engen Abständen von ca. 25 cm befestigt sein
– und letztlich die Dosierung des Injektionsgutes und der Verpreßvorgang selbst.

Bei manchen Systemen können die Schläuche nach dem Verpressen leergesaugt und später – falls erforderlich – erneut verpreßt werden.

2.2 Rißbreitenbeschränkung

Zur Sicherung der Gebrauchsfähigkeit und der Dauerhaftigkeit von Stahlbetonbauteilen ist die Rißbreite nach DIN 1045, Abschn. 17.6, in dem Maße zu beschränken, wie es der Verwendungszweck erfordert. Dazu sind der Bewehrungsgrad, die Stahlspannung und der Stabdurchmesser in geeigneter Weise zu wählen und die Rißbreite beispielsweise nach dem in den Erläuterungen des Deutschen Ausschusses für Stahlbeton [48] angegebenen Verfahren rechnerisch zu begrenzen. Anhaltswerte für die zulässige Rißbreite enthält Tafel 2.2.

Beispiel zur Beschränkung der Rißbreite

Die aufgehenden Wände eines Klärbeckens weisen im jungen Alter oberhalb der Arbeitsfuge horizontale Zugspannungen infolge Zwangbeanspruchung durch „Abfließen der Hydratationswärme und Schwinden" auf. Für die Horizontalbewehrung der Wand ist der Nachweis zur Beschränkung der Rißbreite maßgebend, da diese Bewehrungslage praktisch nicht durch äußere Lasten beansprucht wird.

Tafel 2.2: Anhaltswerte für zulässige Rißbreiten (Rechenwerte) [65]

Umweltbedingungen oder Anforderungen	DIN 1045 Tab. 10	zulässige Rißbreite w_{cal}
Innenbauteile[1]	Zeile 1	0,40 mm
Bauteile im Erdreich[1]	Zeile 2	0,30 mm
Außenbauteile[1]	Zeile 3	0,25 mm
Wasserdichte Bauteile mit zu erwartender Selbstheilung der Risse		
normale Anforderungen (überwiegend Biegezugbeanspruchung)	Zeile 2	0,20 mm
erhöhte Anforderungen (überwiegend Zugbeanspruchung)	Zeile 3 bzw. 4	0,15 mm
sehr hohe Anforderungen (überwiegend Zugbeanspruchung sowie dynamisch oder wechselnd wirkende Beanspruchung)	Zeile 3 bzw. 4	0,10 mm
Druckgefälle h/d in m/m, berechnet aus Wasserdruckhöhe h an der Stelle der größten zu erwartenden Rißbreite und der Bauteildicke d		
$\leq 2{,}5$		0,20 mm[2]
≤ 5		0,15 mm[2]
> 5		0,10 mm[2]

[1] auch bei wasserdichten Bauteilen an der Luftseite mit verbleibender Druckzone auf der Wasserseite > 5 cm bzw. > 2fachem Durchmesser des Größtkorns
[2] Erfahrungswerte

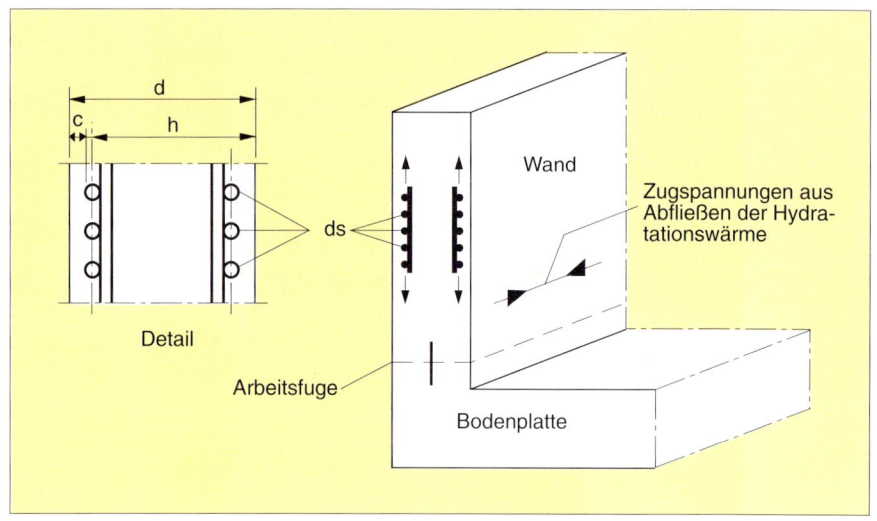

Bild 2.8: Ermittlung der Mindestbewehrung für Zwangbeanspruchung

Die Mindestbewehrung nach DIN 1045, Abschn. 17.6, für Umweltbedingungen nach Tafel 2.9, ist aus Dauerhaftigkeitsgründen auf eine rechnerische Rißbreite bis 0,25 mm ausgelegt. Das reicht bei Klärbecken nicht aus, weil besondere Anforderungen an die Wasserdichtheit gestellt werden. Bei überwiegender Zwangbeanspruchung und mittigem Zug wird deshalb eine Begrenzung der Rißbreite auf 0,15 mm gefordert.

Die rechn. Rißbreite w_{cal} kann direkt mit der in [48] angegebenen Formel ermittelt werden. Vereinfacht für Zwangbeanspruchung und Betonrippenstahl lautet diese für Wände:

$$w_{cal} = k_4 \cdot \left(50 + 0,25 \cdot k_2 \cdot k_3 \frac{d_s}{\mu_{Zw}}\right) \cdot 0,5 \cdot \frac{\sigma_s}{E_s} \ [mm]$$

Darin bedeuten:

$k_4 = 1,7$ – Streuungsfaktor

$k_2 = 0,8$ – Faktor zur Beschreibung der Verbundeigenschaften für Betonrippenstahl

$k_3 = 1,0$ – Faktor zur Beschreibung der Spannungsverteilung in der Zugzone für mittigen Zug

d_s – gewählter Stabdurchmesser [mm]

μ_{Zw} – für die Beschränkung der Rißbreite wirksamer Bewehrungsgrad

σ_s – Stahlspannung im Rißquerschnitt im Zustand II [N/mm²]

E_s – Elastizitätsmodul der Bewehrung = 210 000 [N/mm²]

Dabei ist der wirksame Bewehrungsgrad μ_{Zw} bei einer Wand und einer beidseitigen Oberflächenbewehrung:

$$\mu_{Zw} = \frac{a_s}{100 \cdot h_w} \quad [\%]$$

In der Gleichung bedeuten:

a_s – Querschnitt der Bewehrung pro Seite [cm²/m]
h_w – Höhe der Wirkungszone der Bewehrung [cm]
100 – 1 Meter Wandbreite [cm]

Die Höhe der Wirkungszone der Bewehrung h_w ergibt sich bei mittigem Zug zu:

$$h_w = 2{,}5 \cdot (d - h) = 2{,}5 \cdot \left(c + \frac{d_s}{2} \cdot \frac{1}{10} \right) \leq \frac{d}{2} \quad [cm]$$

In der Gleichung bedeuten:

h_w – Höhe der Wirkungszone der Bewehrung [cm]
d – Dicke der Wand [cm]
h – statische Nutzhöhe [cm]
c – Betondeckung der Horizontalbewehrung [cm]
$\frac{1}{10}$ – Dimensionsumrechnungsfaktor

Für die Stahlspannung σ_s gilt bei Zwangbeanspruchung, daß die vor der Rißbildung im Beton vorhandenen Zugspannungen σ_{bZ}, die nicht größer als die wirksame Betonzugfestigkeit β_{bZw} werden können, durch die Bewehrung aufgenommen werden müssen. Bei Zwang durch Abfließen der Hydratationswärme ist in der Regel die wirksame Betonzugfestigkeit maßgebend, und damit ergibt sich hier für die Stahlspannung:

$$\sigma_s = \frac{\sigma_{bZ} \cdot 100 \cdot d}{2 \cdot a_s} = \frac{\beta_{bZw} \cdot 100 \cdot d}{2 \cdot a_s} \quad [N/mm^2]$$

Darin bedeuten:

σ_{bZ} – unmittelbar vor der Rißbildung im Beton vorhandene Zugspannung [N/mm²]
100 – 1 Meter Wandbreite [cm]
β_{bZw} – zum Zeitpunkt des kritischen Zwangs vorhandene wirksame Betonzugfestigkeit [N/mm²]

$$\beta_{bZw} = k_{z,t} \cdot 0{,}25 \cdot \beta_{WN}^{\frac{2}{3}}$$

$k_{z,t}$ – Faktor zur Berücksichtigung des Betonalters
β_{WN} – Nennfestigkeit des Betons [N/mm²]

Entsprechend der Festigkeitsentwicklung des Betons darf nach DIN 1045, 17.6.2 (5), die wirksame Zugfestigkeit des beim Abfließen der Hydrata-

Tafel 2.3: Abminderungsbeiwerte $k_{z,t}$ zur Ermittlung der wirksamen Zugfestigkeit bei Zwang aus abfließender Hydratationswärme (Umgebungstemperaturen 15 bis 25 °C) nach [48]

Zement-Festigkeitsklasse	Bauteildicke		
	< 50 cm	$50 .. 100$ cm	> 100 cm
32,5	0,4	0,5	
32,5 R; 42,5	0,5		0,6
42,5 R; 52,5; 52,5 R	0,5	0,6	0,7

tionswärme noch jungen Betons mit $k_{z,t} = 0,5$ ermittelt werden. Als Nennfestigkeit des Betons $ß_{WN}$ sind mindestens 35 N/mm² anzusetzen, und zwar auch für Beton der Festigkeitsklasse B 25. Genauere Werte für $k_{z,t}$ in Abhängigkeit von Bauteildicke und Zementfestigkeitsklasse enthält Tafel 2.3.

Die wirksame Betonzugfestigkeit β_{bZw} enthält eine durch Eigenspannungen bedingte Abminderung gegenüber der mittleren Betonzugfestigkeit. Nach Heft 400 [48] ist der Faktor k_2 im gleichen Verhältnis abzumindern:

$$k_2^* = k_2 \cdot \frac{\beta_{bZw}}{\beta_{bZm}} = 0,8 \cdot 0,833 = 0,67$$

mit k_2^* – abgeminderter Faktor k_2

β_{bZm} – mittlere Betonzugfestigkeit [N/mm²]

$\beta_{bZm} = k_{z,t} \cdot 0,3 \cdot \beta_{WN}^{\frac{2}{3}}$ [N/mm²]

Setzt man den wirksamen Bewehrungsgrad, die Stahlspannung und alle konstanten Faktoren in die Ausgangsgleichung ein, so ergibt sich als vereinfachte Bestimmungsgleichung für eine beidseitig horizontal mit a_s bewehrte Wand:

$$w_{cal} = 42,5 \cdot \left(50 + 16,67 \cdot \frac{d_s \cdot h_w}{a_s} \right) \cdot \frac{\beta_{bZw} \cdot d}{210\,000 \cdot a_s} \quad [mm]$$

Zahlenbeispiel 1:

Gegeben: $d = 30$ cm, $a_{sa} = a_{si} = 15$ cm²/m, $d_s = 12$ mm, $c = 4$ cm
  B 35, Zement 32,5 R

Gesucht: rechnerische Rißbreite w_{cal}

$$h_w = 2,5 \cdot \left(4 + \frac{12}{20} \right) = 11,5 \text{ cm} \leq \frac{30}{2} = 15 \text{ cm}$$

$$\beta_{bZw} = 0,5 \cdot 0,25 \cdot 35^{\frac{2}{3}} = 1,34 \text{ N/mm}^2$$

$$w_{cal} = \frac{42,5}{210\,000} \cdot \left(50 + 16,67 \cdot \frac{12 \cdot 11,5}{15} \right) \cdot \frac{1,34 \cdot 30}{15}$$

$$\underline{w_{cal} = 0,11 \text{ mm}}$$

Zahlenbeispiel 2:

Gegeben: $d = 30$ cm, $c = 4$ cm, B 35, Zement 32,5 R, $w_{cal} = 0,15$ mm

Gesucht: $a_s = a_{sa} = a_{si}$ Gewählt: $d_s = 10$ mm

$$h_w = 2,5 \cdot \left(4 + \frac{10}{20}\right) = 11,25 \text{ cm} \leq \frac{30}{2} = 15 \text{ cm}$$

$$\beta_{bZw} = 1,34 \text{ N/mm}^2$$

$$0,15 = \frac{42,5}{210\,000} \cdot \left(50 + 16,67 \cdot \frac{10 \cdot 11,25}{a_s}\right) \frac{1,34 \cdot 30}{a_s}$$

Diese Gleichung ergibt aufgelöst nach a_s eine erforderliche Bewehrung von 11,53 cm²/m (Zum Vergleich: Nach Meyer [66] ergibt sich aus den Tafeln 1.1.1–26 und 1.1.1–54 interpoliert 11,05 cm²/m) oder

$$\varnothing\ 10/7 \text{ cm, vorh. } a_s = 11,22 \text{ cm}^2/\text{m}$$

Zahlenbeispiel 3:

Anstelle eines Zementes der Festigkeitsklasse 32,5 R aus Zahlenbeispiel 2 wird ein Zement 32,5 verwendet.

Dann gilt mit $k_{z,t} = 0,4$

$$\beta_{bZw} = 0,4 \cdot 0,25 \cdot 35^{\frac{2}{3}} = 1,07 \text{ N/mm}^2$$

nach Einsetzen und Auflösen in obige Gleichung:

$$\text{erf. } a_s = 10,16 \text{ cm}^2/\text{m oder } \varnothing\ 10/7,5 \text{ cm}$$

Zahlenbeispiel 4:

Anstelle $\varnothing$ 10 aus Zahlenbeispiel 2 werden $\varnothing$ 12 verwendet.

Dann gilt mit $h_w - 11,5$ cm

$$0,15 = \frac{42,5}{210\,000} \cdot \left(50 + 16,67 \cdot \frac{12 \cdot 11,50}{a_s}\right) \frac{1,34 \cdot 30}{a_s}$$

Daraus folgt:

$$\text{erf. } a_s = 12,61 \text{ cm}^2/\text{m oder } \varnothing\ 12/9 \text{ cm}$$

2.3 Schalung

Bei Abwasseranlagen werden aus betriebstechnischen Gründen für alle Wände, die mit Abwasser in Berührung kommen, glatte Oberflächen bevorzugt. Glatte Stahlschalung oder kunststoffbeschichtete – also nicht saugende – Schalungen begünstigen jedoch Mörtelanreicherungen, eine Erhöhung des Wasserzementwertes sowie die Entstehung von Poren an der geschalten Betonoberfläche.

Dieses kann z. B. zu Beeinträchtigungen der Verschleißfestigkeit und Frostbeständigkeit führen. Daher sind i. a. wassersaugende Holzschalungen – gehobelte Brettschalung, Brettplattenschalung oder Sperrholz-Großflächenschalung – vorteilhafter als nicht saugende (wasserabweisende) Schalungen [16]. Um die für eine leichte Reinigung in der Wasserwechsel- und Spritzwasserzone oft erwünschte glatte Wandoberfläche zu erhalten, kann ein in diesem Bereich umlaufender, wenige Dezimeter breiter Anstrich aufgebracht werden (z. B. Epoxidharz-Kombinationen). Einzelheiten über die Eigenschaften von Beschichtungssystemen, das Aufbringen, Überstreichen bzw. Erneuern enthalten die „Richtlinie für Schutz und Instandsetzung von Betonbauteilen" [44] sowie das „Vorläufige Merkblatt für Anstriche auf Beton von Wasser-Sammelanlagen" (siehe Anhang).

Holzschalungen (gehobelt oder sägerauh) müssen vor dem ersten Einsatz künstlich gealtert werden, um Reaktionen zwischen Holzinhaltsstoffen und Zementleim des Frischbetons zu vermeiden. Eine geeignete Maßnahme besteht darin, die Schalungsoberfläche mit Zementleim (w/z = 0,8 bis 1,0) zu bestreichen. Der mehr oder weniger erhärtete Zementstein wird mit einem scharfen Wasserstrahl oder mit einer Bürste entfernt. Gute Ergebnisse werden auch mit verdünntem lösemittelhaltigem Epoxidharz erzielt.

Als Trennmittel für Holzschalungen werden Emulsionen empfohlen, da diese die Saugfähigkeit der Holzoberfläche erhalten. Die Verarbeitungshinweise der Hersteller müssen beachtet werden.

Tafel 2.4: Verbindungen von Schalbrettern

Art der Spundung		Auswirkung
	Wechselfalzspundung	Gratbildung möglich
	Nut- und Federspundung	Dichte Schalung, schwierige Wiederverwendung (Federn brechen leicht ab)
	Dreiecks- oder Schweinsrückenspundung	Gratbildung möglich
	untergefügte Keilspundung	Dichte Schalung, leichte Wiederverwendung
	keine	Gratbildung möglich

26

Bei langen Standzeiten und hohen Temperaturen trocknen Holzschalungen aus, das Holz schrumpft, und die Fugen zwischen den Schalbrettern öffnen sich. Dadurch wird die Schalung undicht, so daß beim Betonieren Zementmörtel austritt. Es entstehen die als Kiesbänder oder Kiesnester bekannten nicht geschlossenen Oberflächen. Deshalb muß die Schalung vor dem Betonieren gründlich genäßt und dann feucht gehalten werden. Das Wässern sollte mindestens einen Tag, besser zwei Tage vorher beginnen, damit sich durch das Quellen des Holzes die Fugen schließen und die Schalung wieder dicht wird. Es ist vorteilhaft, die Stöße der einzelnen Schalbretter zu *spunden* (Tafel 2.4). Bei Anschlüssen, Ecken und an den Stößen größerer vorgefertigter Schalelemente sind Dichtstreifen einzulegen.

In Wandbereichen von Becken und Behältern ist eine ausreichende Anzahl von Schalungsankern zu verwenden (Schalungsdruck siehe DIN 18 218). Wesentliche Kriterien für die Auswahl der Schalungsanker bzw. Schalungsabstandhalter (Mauerstärken, Spreizen) [17] sind eine gute Verbindung mit dem umgebenden Beton und eine Verlängerung des Wasserweges (Bild 2.9). Schalungsabstandhalter aus Kunststoff sollten wegen der unzureichenden Verbindung zwischen Kunststoff und Beton nicht verwendet werden. Rödeldrähte, die im Beton verbleiben, sind ebenfalls ungeeignet. Vorteilhaft sind Stahlbolzen mit aufgeschweißter Wassersperrplatte, Gewindestäbe mit verlorener, in Wandmitte liegender Kupplungsmutter als Wassersperre und Hüllrohren aus Faserzement sowie Faserzement-Mauerstärken, die mit eingepaßten Stöpseln wasserdicht verschlossen werden.

Zur Herstellung stark geneigter Flächen, die Gegenschalungen erfordern (z. B. Schlammtrichter, Schneckentröge), ist Rippenstreckmetall als obere verlorene Schalung vorteilhaft, da u. a. Einbau und Verdichtung des Betons kontrolliert werden können und die Entstehung von Lunkern und Fehlstellen im Beton vermieden wird. Eine nachträgliche Oberflächenherstellung, z. B. mit Spritzbeton, ist erforderlich [21].

Eine Alternative zu „offenen" Gegenschalungen und saugenden Schalungen ist die Verwendung wasserabführender Schalungsbahnen. Bei Überkopfschalungen – z. B. bei Vouten, geneigten Wänden, geneigten Stützen – und im oberen Bereich von Wänden ist auch bei weicher Konsistenz und vollständiger Verdichtung des Betons eine lunkerfreie Betonoberfläche kaum erzielbar, da überschüssiges Zugabewasser und Luft nur ungenügend entweichen können. Als Vorsatzschalung eingesetzte wasserabführende Schalungsbahnen führen dagegen Wasser und Luft ab, die Feinststoffe des Betons werden jedoch zurückgehalten. Das Ergebnis ist eine nahezu lunkerfreie, geschlossene Betonoberfläche. Als „Nebeneffekt" wird eine Betonrandzone mit reduziertem Wasserzementwert erreicht, die eine größere Dichtheit gegen das Eindringen von Flüssigkeiten und Gasen aufweist. Das erhöht die Dauerhaftigkeit des Betons durch einen höheren Widerstand gegen Frost-Tauwechsel und gegen

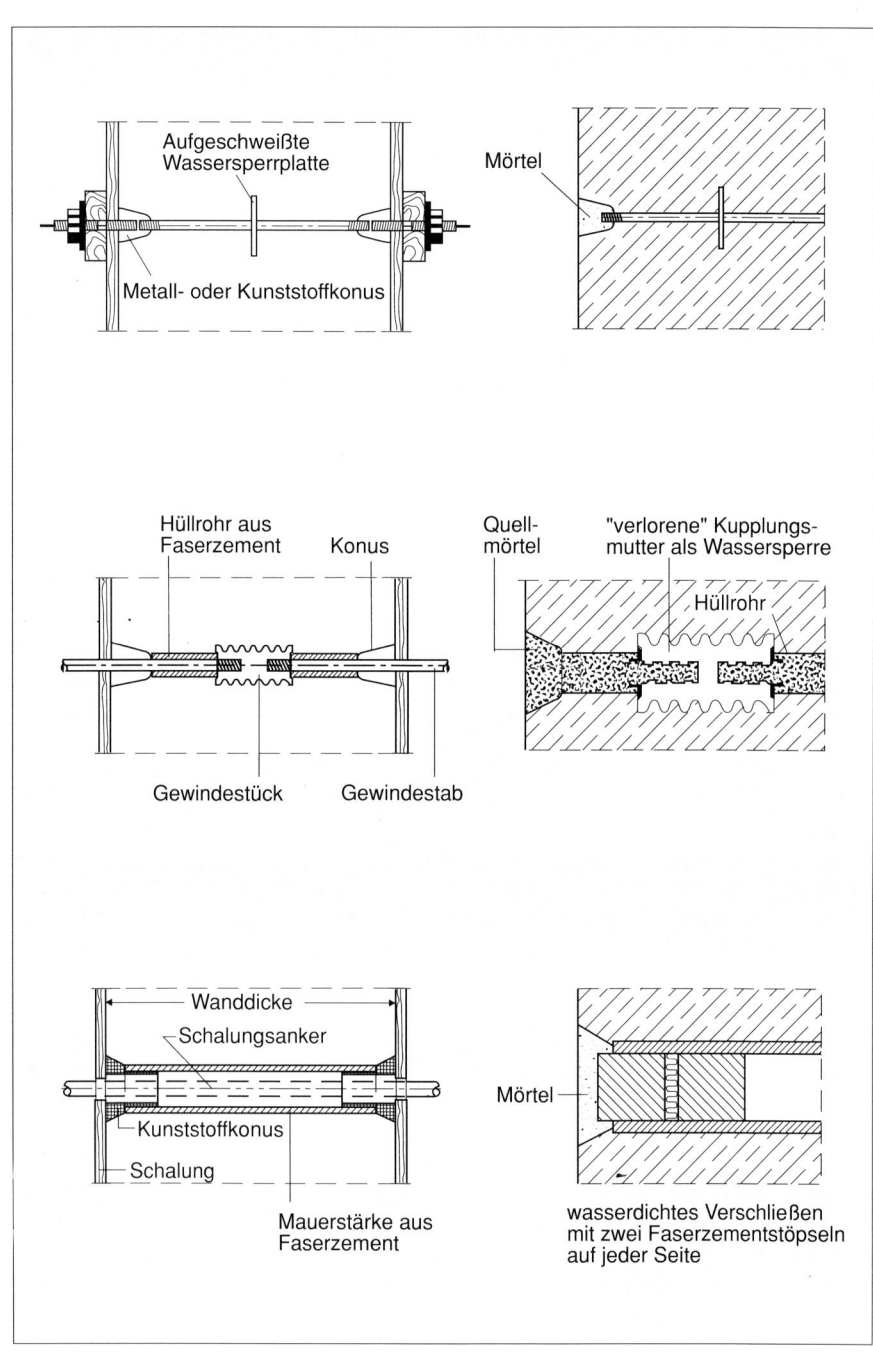

Bild 2.9: Schalungsanker für wasserdichte Bauteile

28

chemische Angriffe und bewirkt eine geringere Karbonatisierungsgeschwindigkeit [87].

Vor dem Betonieren sind die Schalungen gründlich zu säubern. Zur Beseitigung von Mörtel- und Schmutzresten sollten Reinigungsöffnungen am Fuß der Schalung vorgesehen werden. Kanten und Ecken sollen grundsätzlich durch Einlegen von Dreikantleisten gebrochen werden. Dieses gilt auch für Gerinne, Verteilerbauwerke und Bedienungsstege.

2.4 Rohr- und Kabeldurchführungen

Sofern in Sohle und Wänden der Becken bzw. Behälter die Durchführung von Rohren oder Kabeln erforderlich ist, sind spezielle Einbauteile zu verwenden, die bei der Herstellung der Bauteile direkt einzubetonieren sind und eine sichere Abdichtung zwischen Mantelrohr und durchgeführtem Rohr bzw. Kabel ermöglichen. Verwendet werden i. a. Mantelrohre mit zusätzlichem Dichtring.

Der Ringspalt zwischen Mantelrohr und durchgeführtem Rohr wird durch Dichtmaterial oder Dichtpackung wasserdicht verschlossen. Alternativen sind Flanschrohre mit Ringdichtungen. Nach dem gleichen Prinzip können mit einem Dichtring versehene Rohre an Mantelrohre mit wasserseitig angeordnetem Flansch wasserdicht angeschlossen werden. Nachträglich erforderliche Durchbrüche sind durch Kernbohrungen herzustellen; der nach Einbau des durchzuführenden Rohres verbleibende Ringspalt ist wie bei Mantelrohren mit Dichtmaterial wasserdicht zu verschließen.

2.5 Anforderungen an den Beton

Abwasseranlagen erfordern in der Regel einen Beton mit besonderen Eigenschaften nach DIN 1045.

Für wasserdichte Bauteile ist immer ein wasserundurchlässiger Beton und oft ein Beton mit hohem Frostwiderstand zu verwenden. Bei chemisch angreifendem Grundwasser oder Abwasser ist ein Beton mit hohem Widerstand gegen chemische Angriffe erforderlich.

Die Forderung nach hohem Frost-Tausalzwiderstand ist dann zu stellen, wenn z. B. auf Betriebswegen und Räumerlaufbahnen Taumittel verwendet werden. Die in den Beton eindringenden Chloride der Tausalze können korrosionsfördernd auf den Bewehrungsstahl einwirken, so daß für Stahlbeton bestimmte Maßnahmen (Tafel 2.8 und 2.9) erforderlich sind. In diesem Zusammenhang ist hervorzuheben, daß zahlreiche Kläranlagen auch ohne Tausalze betriebssicher arbeiten, indem die Betriebswege mit Sand o. ä. abgestreut oder die Räumerlaufbahnen durch andere geeignete Maßnahmen (s. Abschn. 3) eisfrei gehalten werden.

2.5.1 Allgemeine betontechnologische Anforderungen

Für die Herstellung der Betone gelten die Bedingungen für Beton B II. Durch diese Festlegung soll erreicht werden, daß bei Verwendung von Beton mit besonderen Eigenschaften – unabhängig von der erforderlichen Festigkeitsklasse, d. h. auch bei geringeren Festigkeitsklassen als B 35 – die dafür angemessenen Voraussetzungen und Bedingungen gegeben sind. Ausnahmen von dieser Regel sind z. B. der Einbau geringer Betonmengen oder kleine untergeordnete Bauteile.

In der Regel werden Betone der Festigkeitsklassen B 25 oder B 35 verwendet. Stahlbeton für Außenbauteile – also auch für Abwasseranlagen – muß mindestens der Festigkeitsklasse B 25, Beton für Räumerlaufbahnen mindestens der Festigkeitsklasse B 35 entsprechen und einen hohen Frost- und Tausalzwiderstand aufweisen. Je nach den örtlichen Bedingungen werden Zemente der Festigkeitsklassen 32,5 und 32,5 R oder 42,5 und 42,5 R eingesetzt, bei dickeren Bauteilabmessungen vorzugsweise Zement mit niedrigerer Hydratationswärmeentwicklung, z. B. CEM III/B 32,5-NW.

Um die betontechnologisch erforderlichen Maßnahmen treffen zu können, sind die Anforderungen an den Beton außerdem einzustufen in „wasserundurchlässig", „hoher Widerstand gegen chemische Angriffe" und/oder „hoher Frostwiderstand" bzw. „hoher Frost-Tausalzwiderstand". Gibt es Anhaltspunkte dafür, daß in bestimmten Gewinnungsgebieten der vorgesehene Zuschlag alkaliempfindliche Bestandteile (z. B. Opalsandstein, reaktionsfähiger Flint) in schädlicher Menge enthält, ist die „Richtlinie Alkalireaktion im Beton" [39] zu beachten; der Geltungsbereich ist dort definiert. Danach wird der Beton in die Feuchtigkeitsklasse „feucht" eingestuft. Beim Streuen von Tausalz oder bei abwasserberührten Bauteilen ist die Feuchtigkeitsklasse „feucht + Alkalizufuhr von außen" zugrunde zu legen.

Unabhängig von vorstehenden Einstufungen gelten nachfolgende Hinweise für alle Betone:

Das Größtkorn des Zuschlags muß auf Bauteildicke, Bewehrungsabstand und Betondeckung abgestimmt sein. Seine Nenngröße sollte ⅓ (besser ⅕) der kleinsten Bauteilmaße nicht überschreiten und stets kleiner sein als der Abstand der Bewehrungsstäbe untereinander bzw. zur Schalung (Betondeckung).

Der Mehlkorn- sowie Mehlkorn-/Feinstsandgehalt soll auf die für die Verarbeitbarkeit unbedingt notwendige Menge beschränkt werden. Für eine gute Verarbeitbarkeit kann z. B. bei relativ dünnen Bauteilen oder dichter Bewehrung die Zugabe eines Betonverflüssigers oder Fließmittels sinnvoll sein.

2.5.2 Beton für Außenbauteile

Beton für Außenbauteile muß so zusammengesetzt, fest und dicht sein, daß er im oberflächennahen Bereich einen ausreichend hohen Widerstand gegen Wit-

Tafel 2.5: Stahlbeton für Außenbauteile

Festigkeitsklasse des Betons	Festigkeitsklasse des Zements	Zementgehalt [kg/m³]	w/z-Wert[2] Grenzwert	Zielwert
≧ B 25	32,5; 32,5 R	≧ 300[1]	≦ 0,65	≦ 0,60[3]
	≧ 42,5	≧ 270		

[1] Bei Herstellung und Einbau unter Bedingung B II ≧ 270 kg/m³. Bei Transportbeton B 25 dann ≧ 270 kg/m³, wenn für die Zementverringerungsmenge doppelt soviel Flugasche zugegeben wird.

[2] Anrechnung des Steinkohlenflugaschegehaltes f mit höchstens $0,25 \cdot z$ mit der Formel $w/(z + 0,4 \cdot f)$.

[3] In der Regel erfüllt, wenn $\beta_{WN} ≧ 32 \, N/mm^2$ ist.

terungseinflüsse aufweist und den Bewehrungsstahl während der gesamten Nutzungsdauer vor Korrosion schützt. Die Anforderungen an Beton für Außenbauteile sind in Tafel 2.5 zusammengefaßt.

2.5.3 Wasserundurchlässiger Beton

Bauteile, die *wasserdicht* sein sollen und mit Abwasser oder Grundwasser in Berührung kommen, erfordern einen wasserundurchlässigen Beton. Anforderungen an wasserundurchlässigen Beton sind in Tafel 2.6 zusammengefaßt. Diese Forderungen beziehen sich nur auf den Baustoff. Bei der Herstellung *wasserdichter* Bauteile müssen insbesondere ausführungstechnische und konstruk-

Tafel 2.6: Wasserundurchlässiger Beton und Beton mit hohem Widerstand gegen chemische Angriffe

Betoneigenschaft/ Angriffsgrad		Baustelle zugel. für	Wasserzementwert[2] Zielwert	Grenzwert	höchstzulässige Wassereindringtiefe e_w
Wasserundurchlässigkeit			≦ 0,55	≦ 0,60	≦ 50 mm
Chemischer Angriff	schwach	B II	≦ 0,55	≦ 0,60	≦ 50 mm
	stark		≦ 0,45	≦ 0,50	≦ 30 mm
	sehr stark[1]		≦ 0,45	≦ 0,50	≦ 30 mm

[1] Zusätzlicher Schutz des Betons, z. B. nach Merkblatt [35].

[2] Anrechnung des Steinkohlenflugaschegehaltes f mit höchstens $0,25 \cdot z$ mit der Formel $w/(z + 0,4 \cdot f)$.

Tafel 2.7: Grenzwerte zur Beurteilung des Angriffsgrades von Wässern vorwiegend natürlicher Zusammensetzung nach DIN 4030 [8]

Untersuchung	Angriffsgrad[1]		
	schwach angreifend	stark angreifend	sehr stark angreifend
pH-Wert	6,5 ... 5,5	5,5 ... 4,5	unter 4,5
kalklösende Kohlensäure (CO_2) mg/l	15 ... 40	40 ... 100	über 100
Ammonium (NH_4^+) mg/l	15 ... 30[2]	30[2] ... 60[3]	über 60[3]
Magnesium (Mg^{2+}) mg/l	300 ... 1000	1000 ... 3000	über 3000
Sulfat[4] (SO_4^{2-}) mg/l	200 ... 600	600 ... 3000	über 3000

[1] Für die Beurteilung des Wassers ist der aus der Tafel entnommene höchste Angriffsgrad maßgebend, auch wenn er nur von einem der Werte der Tafel erreicht wird. Liegen 2 oder mehr Werte im oberen Viertel eines Bereiches (bei pH im unteren Viertel), so erhöht sich der Angriffsgrad um eine Stufe.
[2] nach neueren Untersuchungen 100 [71]
[3] nach neueren Untersuchungen 300 [71]
[4] Bei Sulfatgehalten über 600 mg SO_4^{2-} je Liter Wasser, ausgenommen Meerwasser, ist ein Zement mit hohem Sulfatwiderstand (HS-Zement) zu verwenden.

tive Maßnahmen (s. Abschn. 2.1 und 2.3) dafür sorgen, daß Fehlstellen im Beton, Risse und undichte Fugen vermieden werden.

2.5.4 Beton mit hohem Widerstand gegen chemische Angriffe

Für die Beurteilung des Angriffsgrades von betonangreifenden Wässern, Böden und Gasen gilt DIN 4030. Die Grenzwerte zur Beurteilung des Angriffsgrades von Wässern sind in Tafel 2.7 angegeben. Mit einem verstärkten Angriff ist u. U. bei bestimmten Gewerbe- und Industrieabwässern zu rechnen, bei höheren Temperaturen, bei höherem Druck oder wenn der Beton zusätzlich durch strömendes Wasser mechanisch beansprucht wird.

Häusliches und kommunales Abwasser ist chemisch nicht betonangreifend. Hinweise für das Einleiten von Abwasser in eine öffentliche Entwässerungs- und Kläranlage enthalten DIN 1986 [6] und das ATV-Arbeitsblatt A 115 [29]. Abwasser, das diesen Hinweisen entspricht, ist als „schwach" angreifend nach DIN 4030 einzustufen. Diesem Angriff widersteht sachgerecht zusammengesetzter, verarbeiteter und nachbehandelter Beton ohne Oberflächenschutzmaßnahmen.

Die Anforderungen an Beton mit hohem Widerstand gegen chemische Angriffe enthält Tafel 2.6. Außergewöhnliche Konzentrationen und Inhaltsstoffe, wie z. B. in besonderen Industrieabwässern, sowie die Einwirkung betonangreifender Gase (s. auch Abschn. 6.1.1) erfordern eine Beurteilung unter Berücksichtigung der örtlichen Verhältnisse gemeinsam durch einen Abwasserfachmann und einen erfahrenen Betontechnologen.

Beton, der längere Zeit „sehr starken" chemischen Angriffen nach DIN 4030 ausgesetzt wird, muß einen dauerhaften Oberflächenschutz erhalten (s. Kapitel 6). Gleichzeitig muß der Beton so zusammengesetzt sein, wie dies bei „starkem" Angriff notwendig ist.

2.5.5 Beton mit hohem Frostwiderstand bzw. hohem Frost-Tausalzwiderstand

Bauteile, die im durchfeuchteten Zustand (z. B. durch Tauwasserbildung oder in Wasserwechselzonen) häufigen Frost-Tau-Wechseln ausgesetzt sind, müssen aus Beton mit hohem Frostwiderstand hergestellt werden. Das Streuen von Tausalzen (z. B. bei Betriebswegen, Räumerlaufbahnen usw.) erfordert einen Beton mit hohem Frost-Tausalzwiderstand, bei dem luftporenbildende Zusatzmittel nach DIN 1045 vorgeschrieben sind. Sofern nicht das gesamte Bauwerk (z. B. Sandfang, Nachklärbecken) in Luftporenbeton ausgeführt wird, sind zumindest die in Bild 3.1 gekennzeichneten Bereiche damit herzustellen. Im Frischbeton ist ein Luftgehalt anzustreben, der den Werten der Tafel 2.8 entspricht.

Es kann zweckmäßig sein, z. B. bei Luftgehalten über 3,5 Vol.-%, den Nachweis der Betonfestigkeit im Prüfalter von 56 Tagen (gemäß DIN 1045,

Tafel 2.8: Anforderungen an Beton mit hohem Frost- und Frost-Tausalzwiderstand

Betoneigenschaft	Baustelle zugel. für	Wasserzementwert Ziel-wert	Wasserzementwert Grenz-wert	Zusätzliche Anforderungen
Hoher Frostwiderstand		$\leqq 0,55$[3]	$\leqq 0,60$[3]	Zuschläge „eFT" nach DIN 4226, $e_w \leqq 50$ mm
Hoher Frost-Tausalz-widerstand[2]	B II	$\leqq 0,45$	$\leqq 0,50$	Zuschläge „eFT" nach DIN 4226, $e_w \leqq 50$ mm; mittlerer LP-Gehalt[1] bei 16 mm Größtkorn $\geqq 4,5$ Vol.-% 32 mm Größtkorn $\geqq 4,0$ Vol.-% 63 mm Größtkorn $\geqq 3,5$ Vol.-%

[1] Einzelwerte dürfen diese Anforderungen um höchstens 0,5 Vol.-% unterschreiten.

[2] Zement nach DIN 1164 außer Portlandpuzzolanzement (s. auch DIN 1045, Abschnitt 6.5.7.4 (4)).

[3] Anrechnung des Steinkohlenflugaschegehaltes f mit höchstens $0,25 \cdot z$ mit der Formel $w/(z + 0,4 \cdot f)$.

Abschnitt 6.5.1) zu vereinbaren. Die Prüfung des Luftgehaltes erfolgt mit dem LP-Topf am vollständig auf dem Rütteltisch verdichteten Frischbeton.

Anforderungen an Beton mit hohem Frostwiderstand bzw. hohem Frost-Tausalzwiderstand sind in Tafel 2.8 enthalten. Ausführlich wird das Thema in [52], [53] und [69] behandelt.

Auch der Zuschlag muß einen erhöhten Widerstand gegen häufige Frost-Tau-Wechsel aufweisen, wobei der „Widerstand gegen Frost bei starker Durchfeuchtung des Betons" zu prüfen ist und der Durchgang durch das vorgesehene Prüfsieb 2 Gew.-% nicht überschreiten darf (Zuschlag „eFT" nach DIN 4226 Teil 1, Abschnitt 7.5.4). Dabei ist ein Ausfrieren einzelner Körner an freien Betonflächen möglich, was für die Dauerhaftigkeit des Bauwerks jedoch unbedenklich ist. Soll auch dies vermieden werden, sind weitergehende Forderungen über „eFT" hinaus zu vereinbaren.

Holz, Torf, Braunkohle und ähnliche aufschwimmende und nicht frostbeständige Bestandteile organischen Ursprungs dürfen im Zuschlag nicht enthalten sein. Dies gilt insbesondere bei Beckensohlen und -wänden.

2.6 Bewehrung und Betondeckung

Vor der Verlegung ist der Bewehrungsstahl von Bestandteilen zu befreien, die den Verbund beeinträchtigen können. Die Stahleinlagen sind unverschiebbar zu einem steifen Gerippe zu verbinden und/oder gegen seitliches Ausweichen und Herunterdrücken zu sichern. Dichte obere Bewehrungslagen, enge Abstände der Bewehrungsstäbe untereinander und relativ geringe Betondeckung verhindern häufig das Durchrutschen des Größtkorns, es wird abgesiebt.

Die Lage eines Bewehrungsstabes (Bild 2.10) wird festgelegt durch
– die Betondeckung nom c_v

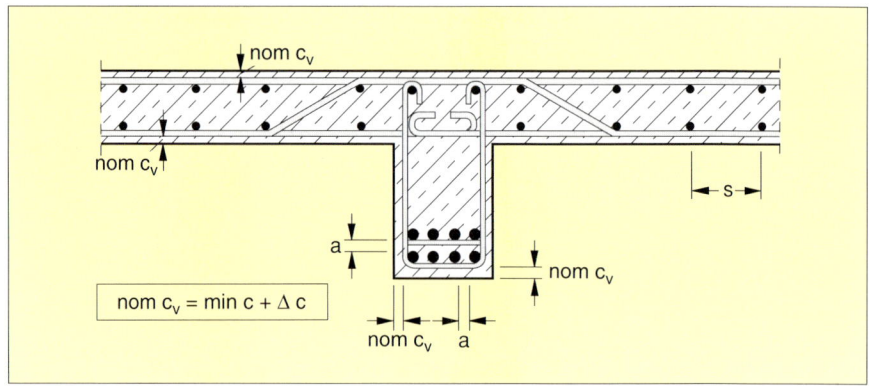

Bild 2.10: Bewehrungslage

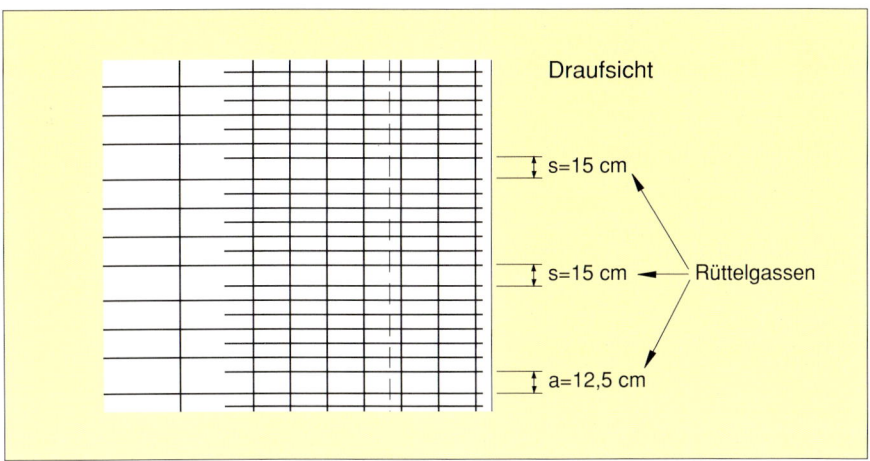

Draufsicht

s=15 cm

s=15 cm — Rüttelgassen

a=12,5 cm

Bild 2.11: Anordnung von Rüttelgassen

– den lichten Abstand a zu den benachbarten Stäben oder bei flächenförmigen Bauteilen
– den Achsabstand s der Bewehrungsstäbe.

In allen Fällen, in denen die lichten Stababstände nicht mindestens dem Durchmesser des Größtkorns entsprechen, sind Lücken vorzusehen (Bild 2.11), durch die der Beton eingebaut und ggf. Schütt- oder Pumprohr und Rüttelflasche eingeführt werden können.

Die Betondeckung und die Dichte des Betons sind wesentliche Voraussetzungen für einen dauerhaften Korrosionsschutz der Bewehrung. Die Größe der einzuhaltenden Betondeckung richtet sich zum einen nach dem Stabdurchmesser, zum anderen nach den Umweltbedingungen und der Betonfestigkeitsklasse (Tafel 2.9).

Die Spalte 3 der Tafel 2.9 gibt die *Mindest*maße (min c) für die einzuhaltende Betondeckung am Bauwerk an, die an keiner Stelle unterschritten werden dürfen. Die Einbautoleranzen der Baustelle erfordern ein Vorhaltemaß von $\Delta c = 1$ cm. Die Nennmaße nom c der Betondeckung errechnen sich aus min c $+ \Delta c$ und sind der statischen Berechnung zugrunde zu legen (Spalte 4). Das Verlegemaß nom c_v ist aus dem Nennmaß nom c abgeleitet und gibt im allgemeinen den Abstand zwischen der Betonoberfläche und den Stäben der äußeren Bewehrungslage, Bügel oder Verteilungsstäbe an. Es ist für die Festlegung der Dicke/Höhe der Abstandhalter maßgebend und auf den Bewehrungszeichnungen anzugeben. Die Mindest- und Nennmaße der Tafel 2.9 sind um 0,5 cm zu vergrößern, wenn das Größtkorn des Zuschlags über 32 mm liegt oder der noch nicht hinreichend erhärtete Beton mechanisch beansprucht wird (z. B. durch Gleit- oder Kletterschalung).

Tafel 2.9: Maße der Betondeckung für $\geqq$ B 25

1	2	3	4
Umweltbedingungen (nach DIN 1045 Tabelle 10)	Stabdurch-messer d_s [mm]	Mindestmaße min c [cm]	Nennmaße nom c [cm]
Bauteile, zu denen die Außenluft häufig oder ständig Zugang hat. Bauteile, die ständig unter Wasser oder im Boden verbleiben. [1]	$\leqq 20$ 25 28	2,0 2,5 3,0	3,0 3,5 4,0
Bauteile im Freien (Außenbauteile). Bauteile in geschlossenen Räumen mit sehr hoher Luftfeuchte, z. B. überbaute Rechenanlagen. Bauteile, die wechselnder Durchfeuchtung ausgesetzt sind, z. B. in der Wasserwechselzone. Bauteile, die „schwachem" chemischen Angriff nach DIN 4030 ausgesetzt sind. [1]	$\leqq 25$ 28	2,5 3,0	3,5 4,0
Bauteile, die besonders korrosionsfördernden Einflüssen auf Stahl oder Beton ausgesetzt sind, z. B. durch häufige Einwirkung angreifender Gase oder Tausalze oder durch „starken" chemischen Angriff nach DIN 4030. [1]	alle	4,0	5,0
(nach DIN 19 569) Tausalzbeaufschlagte Wandkronen und Räumerlaufbahnen (Beton $\geqq$ B 35)	alle	5,0	6,0

[1] Bei Beton $\geqq$ B 35 dürfen die Mindest- und Nennmaße, mit Ausnahme der Maße für tausalzbeaufschlagte Wandkronen und Räumerlaufbahnen, um 0,5 cm verringert werden.

Die Betondeckung wird durch Abstandhalter entsprechender Größe und Anzahl gewährleistet. Bei Wandbauteilen sind im allgemeinen je m^2 mindestens vier Abstandhalter vorzusehen, bei Stützen darf der senkrechte Abstand 1 m nicht wesentlich überschreiten. Einzelheiten mit Richtwerten für Anzahl und Anordnung der Abstandhalter in Abhängigkeit von Bauteil und Stabdurchmesser sind im „Merkblatt Betondeckung" [47] angegeben (siehe Anhang). Bei Bauteilen, die besonders korrosionsfördernden Einflüssen ausgesetzt sind (Tafel 2.9), sind zementgebundene Abstandhalter (Faserzement, dichter Zementmörtel) zweckmäßig. Die gleiche Wärmedehnung wie der umgebende Beton und die gute Haftfähigkeit im Beton wirken sich günstig auf die Dichtigkeit, auf den Rostschutz der Bewehrung und die Dauerhaftigkeit des Bauteils aus [45]. Bei Bauteilen, die unmittelbar auf dem Baugrund hergestellt werden (z. B. Behältersohle), sind die Abstandhalter auf einer mindestens 5 cm dicken ebenen Sauberkeitsschicht aus Beton zu verlegen.

2.7 Einbringen des Betons

Der Frischbeton muß ohne Entmischung in einwandfrei verarbeitbarem Zustand zur Einbaustelle gelangen und eingebracht werden. Daher ist Beton am besten sofort nach dem Mischen, Transportbeton sofort nach Anlieferung zu verarbeiten. Der Beton muß in jedem Fall eingebracht und verdichtet sein, bevor er in unzulässigem Maß angesteift ist.

Bei trockenem und warmem Wetter sollte die Verarbeitung innerhalb einer halben Stunde, bei kühler und feuchter Witterung innerhalb einer Stunde nach Herstellung des Betons abgeschlossen sein. Durch Erstarrungsverzögerer kann die Verarbeitbarkeitszeit verlängert werden.

Bei extrem niedrigen oder hohen Lufttemperaturen ist die Betontemperatur zu überwachen. Die Grenztemperaturen des Frischbetons nach DIN 1045 von mindestens +5°C bzw. höchstens +30°C müssen eingehalten werden, um eine bleibende Beeinträchtigung der Frischbetoneigenschaften zu vermeiden (Tafel 2.10).

Tafel 2.10: Erforderliche Frischbetontemperatur

Lufttemperatur	Mindesttemperatur des Frischbetons	
+5°C bis −3°C	+ 5°C	allgemein
	+10°C	bei NW-Zementen
kleiner −3°C	+10°C	außerdem soll diese Temperatur wenigstens 3 Tage gehalten werden

Junger Beton kann durch Frost geschädigt werden. Deshalb darf auf gefrorenem Baugrund, an gefrorene Bauteile und an vereiste Schalung nicht betoniert werden. Außerdem sollte der Beton möglichst schnell ein einmaliges Durchfrieren ohne Schädigung ertragen können, d. h. gefrierbeständig sein. Diese Gefrierbeständigkeit ist dann erreicht, wenn er mindestens eine Festigkeit von 5 N/mm^2 aufweist und vor Fremdwasser geschützt wird. Die dafür erforderlichen Erhärtungszeiten in Abhängigkeit von Temperatur, Wasserzementwert und Zementfestigkeitsklasse sind in Tafel 2.11 überschläglich angegeben.

Tafel 2.11: Erforderliche Erhärtungszeit zum Erreichen der Gefrierbeständigkeit in Tagen am Beispiel eines Betons mit w/z = 0,60

Zementfestigkeitsklasse	Erforderliche Erhärtungszeit in Tagen bei einer Betontemperatur von			Erreichbare Betonfestigkeiten im Alter von 28 Tagen (N/mm²)
	5 °C	12 °C	20 °C	
42,5 R	¾	½	½	41
42,5	2	1½	1	
32,5 R	2	1½	1	34
32,5	5	3½	2	

Beton darf sich beim Einbringen nicht entmischen. Große Betonierhöhe, kompliziert geformte und enge Schalung, hoher Bewehrungsgrad und Schüttkegelbildung erhöhen die Entmischungsgefahr. Deshalb ist eine Reihe von Maßnahmen zu treffen:

– Beim Einbringen darf der Beton nicht wesentlich mehr als 1 m frei fallen. Bei größeren Höhen sind Schüttrohre, -schläuche oder -rinnen zu verwenden und bis nahe an den tiefsten Punkt der Schalung zu führen.

– Genügend Einbauöffnungen sind vor Verlegen der Bewehrung einzuplanen. Ist die Einführung von Rohren von oben nicht möglich, so ist der Beton durch seitliche Öffnungen in der Schalung (Betonierfenster) einzubringen.

– Es ist darauf zu achten, daß sich keine Schüttkegel bilden, damit durch abrollendes Grobkorn keine Nester entstehen. Deshalb soll der Beton durch kurze Abstände der Einfüllstellen gleichmäßig verteilt und in möglichst gleich dicker Schicht mit waagerechter Oberfläche geschüttet werden. Als Richtmaß für die Schichthöhe gilt 50 cm.

Bewehrung und Schalung späterer Betonierabschnitte dürfen nicht durch Beton verkrustet werden, da dieser in der Regel lose anhaftet und dadurch den Verbund zwischen Beton und Stahl herabsetzt. Auch wird die Wasserdichtheit des Bauteils vermindert.

Anschlußflächen – z. B. beim Betonieren der Wände auf die Sohle – sind nach der Säuberung von Schmutz und lockeren Betonresten vorzunässen, bei ausgetrocknetem Beton mindestens einen Tag. Überschüssiges Wasser ist zu entfernen, so daß nur auf eine mattfeuchte Fläche betoniert wird. Für solche Anschlüsse hat sich in der Praxis eine weichere Anschlußmischung von 10 bis 30 cm Schichtdicke bewährt. Dafür wird zweckmäßig der gleiche Beton, jedoch mit weniger Grobkorn verwendet (z. B. bei Sieblinienbereich 0/32 durch Reduzieren oder Weglassen der Korngruppe 16/32).

Tafel 2.12: Wahl der Verdichtungsart in Abhängigkeit von der Konsistenz

Prüfverfahren/Verdichtungsart		Konsistenz des Betons			
		steif KS	plastisch KP	weich KR	fließfähig KF
Ausbreitmaß a [cm]		–	35...41	42...48	49...60
Verdichtungsmaß v [-]		$\geqq 1,20$	1,19...1,08	1,07...1,02	–
Stampfen		×			
Oberflächenrüttler	Platte	×			
	Bohle	×	×	×	×
Innenrüttler		×	×	×	×
Außenrüttler (Schalungsrüttler)			×	×	×
Stochern bzw. mehrmaliges Abziehen				×	×
Zusätzliches Klopfen an der Schalung			×	×	×

2.8 Verdichten des Betons

Beton muß vollständig verdichtet werden, damit die geforderten Festbetoneigenschaften sicher erreicht und die Bewehrungsstäbe dicht umhüllt werden.
„Praktisch vollständig verdichteter Frischbeton" ist dann erreicht, wenn der
Beton sich nicht mehr setzt, die Oberfläche geschlossen ist und beim Verdichten
nur noch vereinzelt Luftblasen austreten [3, 15].

Das Verdichten des Betons ist von erfahrenem und zuverlässigem Personal vorzunehmen. Besondere Sorgfalt ist bei schwer zugänglichen Stellen, im Bereich
von Aussparungen, bei dichter Bewehrung und längs der Schalung erforderlich. Die Verdichtungsart ist abhängig von der Konsistenz (Tafel 2.12).

Innenrüttler werden am häufigsten eingesetzt. Die Rütteldauer ist abhängig
von der Wirkung des Rüttlers und der Zusammensetzung des Betons. Der Abstand der Eintauchstellen ist so zu wählen, daß sich die von der Rüttelbewegung
erfaßten Betonbereiche (Wirkungsbereiche) überschneiden. Je nach Rüttler-
größe und Beschaffenheit des Betons können sich Abstände der Eintauchstellen zwischen 25 und 70 cm ergeben (Tafel 2.13).

Wird schichtweise betoniert, muß die Rüttelflasche lotrecht durch die zu verdichtende Schicht hindurch noch etwa 10 bis 15 cm tief in den darunter befindlichen bereits verdichteten Beton eintauchen. Nur so ist eine Verbindung der einzelnen Schüttlagen gewährleistet. Die Rüttelflasche ist zügig und gleichmäßig

Tafel 2.13: Wirkungsbereich von Innenrüttlern

Durchmesser des Innenrüttlers mm	Durchmesser des Wirkungsbereichs cm	Abstand der Eintauchstellen cm
< 40	ca. 30	ca. 25
40 bis 60	ca. 50	ca. 40
> 60	ca. 80	ca. 70

bis zur erforderlichen Tiefe in den Beton einzuführen und langsam herauszuziehen. An den aufsteigenden Luftblasen und der Entstehung einer ebenen Fläche, aus der die groben Zuschläge gerade noch hervorstehen, sind Wirkungsbereich und Verdichtungsgrad zu erkennen. Entsteht jedoch durch Entmischen eine dickere Schlempe- oder Feinmörtelschicht, dann ist der Beton für die eingesetzte Rüttelverdichtung zu weich, zu mörtelreich, oder es ist zu lange gerüttelt worden.

Beim Stochern wird Fließbeton mit Latten oder ähnlichem so durchgearbeitet, daß die in ihm enthaltene Luft entweicht.

Oberflächenrüttler werden vorwiegend zum Verdichten von waagerechten oder schwach geneigten Betonschichten verwendet. Sie sind langsam fortzubewegen, so daß der Beton unter ihnen weich und die Betonoberfläche hinter ihnen geschlossen wird. Die Schichtdicke, die zuverlässig verdichtet werden kann, ist abhängig von der Leistung des Rüttlers, der Zusammensetzung des Betons und seiner Konsistenz. Unter kräftig wirkenden Rüttelplatten soll die Schicht nach dem Verdichten höchstens 20 cm dick sein.

Für die Herstellung horizontaler Flächen (z.B. Beckensohlen) hat sich insbesondere das Vakuumverfahren bewährt. Dabei wird dem in üblicher Weise hergestellten Beton nach dem Einbau ein Teil seines Wassergehaltes mit Hilfe einer aufgelegten Vakuummatte entzogen.

Nachverdichten

Durch ein erneutes Einführen des Rüttlers in bereits verdichteten, immer noch verarbeitbaren Beton (Nachrütteln) können die Festbetoneigenschaften verbessert werden. Insbesondere bei Wänden lassen sich Hohlräume wieder schließen, die z. B. durch Nachsacken des Frischbetons unter waagerechten Bewehrungsstäben oder Aussparungen entstanden sind. Außerdem läßt sich dadurch die Rißneigung verringern. Es kann sinnvoll sein, mit Oberflächenrüttlern nachzuverdichten, weil beim Innenrütteln ohne Auflast die oberste Schicht unter Umständen ungenügend verdichtet wird. Eine Nachverdichtung von waagerechten Betonflächen kann auch durch sogenannte Glättmaschinen (Propeller- oder Scheibenglätter) erfolgen, wie sie zum Glätten vakuumbehandelter Flächen eingesetzt werden.

Entscheidend für den Erfolg einer Nachverdichtung ist der richtig gewählte Zeitpunkt. Ein Nachverdichten ist so lange möglich, wie der Beton noch verformbar ist. Dies ist daran erkennbar, daß sich beim Ziehen der Rüttelflasche die Rüttelgasse wieder schließt.

2.9 Ausschalen und Nachbehandeln

Damit Beton auch in den oberflächennahen Bereichen die aufgrund seiner Zusammensetzung zu erwartenden Eigenschaften aufweist, ist eine gründliche und ausreichend lange Nachbehandlung unerläßlich; d. h. Beton ist bis zur ausreichenden Erhärtung gegen vorzeitiges Austrocknen, extreme Temperaturen, chemische Angriffe, Erschütterungen und Schwinden zu schützen. Zusätzlich muß der noch frische Beton gegebenenfalls gegen starkes Erwärmen bzw. Abkühlen und auf freien Oberflächen gegen Regen geschützt werden.

Die Art der Nachbehandlung soll vor Baubeginn zwischen Auftraggeber und Auftragnehmer vereinbart werden. Dazu wird empfohlen, in der Leistungsbeschreibung die Nutzungsbedingungen des Bauwerks anzugeben und eine darauf abgestimmte Nachbehandlungsart und -dauer als gesonderte Position auszuweisen. In Sonderfällen, wie z. B. bei sehr feingliedrigen Bauteilen oder bei

Bild 2.12: Bau der Belebungsbecken im Klärwerk „Alte Emscher"; frisch ausgeschalte Wandabschnitte sind zur Nachbehandlung mit Folien abgehängt

Bauteilen, an deren Oberfläche besondere Anforderungen gestellt werden, wie hoher Widerstand gegen Frost- und Tausalzbeanspruchung, gegen chemische Angriffe, gegen Verschleiß oder gegen das Eindringen von Flüssigkeiten und Gasen, können weitergehende Maßnahmen erforderlich sein.

Gebräuchliche Nachbehandlungsverfahren sind Belassen in der Schalung, Abdecken mit Folien, Aufbringen wasserhaltender Abdeckungen, Aufbringen von Nachbehandlungsfilmen, Benetzen mit Wasser oder eine Kombination aus diesen. Wird zur Nachbehandlung die Schalung stehengelassen, müssen Holzschalungen, insbesondere bei warmer Witterung, genäßt werden (Bild 2.12).

Die vorgenannten Arten der Nachbehandlung sind in Abhängigkeit von der Außentemperatur in Tafel 2.14 aufgeführt. Auf der Baustelle muß eine schriftliche Arbeitsanweisung vorliegen, die die Nachbehandlungsmaßnahmen enthält.

Bei vertikalen Flächen ist darauf zu achten, daß hinter den Abdeckungen durch Folien oder Planen keine Kaminwirkung eintritt.

Tafel 2.14: Nachbehandeln von Beton

Art	Maßnahmen	Außentemperatur in °C				
		unter −3°	−3° bis +5°	5° bis 10°	10° bis 25°	über 25°
Folie/Nachbehandlungsfilm	Abdecken bzw. Aufsprühen *und* Nässen Holzschalung nässen; Stahlschalung vor Sonnenstrahlung schützen					×
	Abdecken bzw. Aufsprühen			×	×	
	Abdecken bzw. Aufsprühen *und* Wärmedämmung Verwendung wärmedämmender Schalung – z. B. Holz – sinnvoll		×*⁾			
	Abdecken *und* Wärmedämmung Umschließen des Arbeitsplatzes (Zelt) oder Beheizen (z. B. Heizstrahler) Zusätzlich Betontemperaturen wenigstens 3 Tage lang auf +10 °C halten	×*⁾				
Wasser	Durch Benetzen ohne Unterbrechung feuchthalten				×	

*⁾ Nachbehandlungs- und Ausschalfristen um Anzahl der Frosttage verlängern; Beton mindestens 7 Tage vor Niederschlägen schützen.

Nachbehandlungsfilme können mit einfachen Geräten, z. B. Obstbaumspritzen, aufgebracht werden. Wichtig ist, daß die in den Verarbeitungshinweisen angegebene Mindestmenge je Flächeneinheit eingehalten und ein durchgehender Film erzielt wird. Bei vertikalen Flächen ist unter Umständen ein mehrmaliges Auftragen erforderlich. Nicht geschalte Flächen werden abgesprüht, sobald die Betonoberfläche matt wird, eingeschalte Flächen sofort nach dem Ausschalen. Nachbehandlungsfilme sind ungeeignet, wenn später Imprägnierungen, Anstriche oder Beschichtungen vorgesehen sind. Wird als zusätzlicher Schutz ein „imprägnierender Anstrich" vorgesehen, der gleichzeitig der Nachbehandlung dienen soll, eignen sich hierfür Systeme, die mit dem feuchten Beton eine feste Verbindung eingehen und eine möglichst große Tiefenwirkung besitzen.

Nach DIN 1045, Abschnitt 10.3, ist der Beton „ausreichend lange" feucht zu halten. Dabei sind die Einflüsse, denen der Beton im Laufe der Nutzung ausgesetzt ist, zu berücksichtigen. Die „Richtlinie zur Nachbehandlung von Beton" [43] ist zu beachten.

Die Betondruckfestigkeit in Abhängigkeit von Zement und Lagerungstemperatur enthält Tafel 2.15.

Je nach Betonzusammensetzung, Umgebungsbedingungen und Temperatur der Betonoberfläche ist die erforderliche Mindestnachbehandlungsdauer einzuhalten (Tafel 2.16).

Die in Tafel 2.16 angegebenen Nachbehandlungszeiten sind zu verlängern

– bei verzögertem Beton um die Verzögerungszeit
– bei Temperaturen der Betonoberfläche unter 0 °C um die Frostdauer
– bei Beton mit Flugasche unter gleichzeitiger Abminderung des Mindestzementgehalts um 2 Tage
– bei allen Bauteilen, an die besondere Anforderungen gestellt werden, wie z. B. hoher Widerstand gegen Frost- und Tausalzeinwirkung, gegen chemischen Angriff, gegen Verschleiß oder gegen das Eindringen von Flüssigkeiten und Gasen, um mindestens die Hälfte
– bei tausalzbeaufschlagten Wandkronen und Räumerlaufbahnen ist die Nachbehandlungsdauer zu verdoppeln.

Die Richtlinie schreibt vor, daß die angegebene Nachbehandlungsdauer im Regelfall nur dann unterschritten werden darf, wenn die Festigkeit der Betonoberfläche des Bauteils mindestens 50% der Nennfestigkeit des Betons erreicht hat. Dies ist nachzuweisen!

Die Festigkeitsentwicklung bei beliebigen Temperaturen kann, sofern sie für einen bestimmten Beton bei +20 °C-Lagerung bekannt ist, mit der Saul'schen Reifeformel überschläglich ermittelt werden:

$$R = \Sigma \Delta t_i \cdot (T_i + 10) \quad [°C \, d \text{ oder } °C \, h]$$

43

Tafel 2.15: Betondruckfestigkeit in Abhängigkeit von Zement und Lagerungstemperatur

Zementfestig-keitsklasse	ständige Lagerung bei	20 °C- und 5 °C-Festigkeit in % der 28-Tage-Druckfestigkeit bei einer ständigen 20 °C-Lagerung nach		
		3 Tagen	7 Tagen	28 Tagen
42,5 R	+20 °C + 5 °C	70 ... 80 40 ... 60	80 ... 90 60 ... 80	100 90 ... 105
42,5; 32,5 R	+20 °C + 5 °C	50 ... 60 20 ... 40	65 ... 80 40 ... 60	100 75 ... 90
32,5	+20 °C + 5 °C	30 ... 40 10 ... 20	50 ... 65 20 ... 40	100 60 ... 75

Tafel 2.16: Mindestdauer für die Nachbehandlung von Außenbauteilen in Tagen

Umgebungs-bedingungen	Temperatur der Beton-oberfläche	Festigkeitsentwicklung des Betons		
		schnell z. B. w/z < 0,50 52,5 R; 52,5; 42,5 R	mittel z. B. w/z 0,50 bis 0,60 52,5; 52,5 R; 42,5; 42,5 R; 32,5 R oder w/z < 0,50 32,5	langsam z. B. w/z 0,50 bis 0,60 32,5 oder w/z < 0,50 32,5-NW/HS
günstig vor unmittelbarer Sonneneinstrahlung und vor Windein-wirkung geschützt, relat. Luftfeuchte durchgehend ≧ 80%	≧ 10 °C	1	2	2
	< 10 °C	2	4	4
normal mittlere Sonnenein-strahlung und/oder mittlere Windein-wirkung und/oder relat. Luftfeuchte ≧ 50%	≧ 10 °C	1	3	4
	< 10 °C	2	6	8
ungünstig starke Sonnenein-strahlung und/oder starke Windeinwir-kung und/oder relat. Luftfeuchte < 50%	≧ 10 °C	2	4	5
	< 10 °C	4	8	10

Tafel 2.17: Anhaltswerte für Schalfristen in Tagen nach DIN 1045

Festigkeitsklasse des Zements	Seitliche Schalung von Balken, Wänden, Stützen	Schalung von Deckenplatten	Rüstung von Balken, Rahmen und weit-gespannten Platten
32,5	3	8	20
32,5 R 42,5	2	5	10
42,5 R 52,5 52,5 R	1	3	6

Darin bedeuten:

R = Reifegrad des Betons

Δt_i = Intervalle der Erhärtungszeit bei gleicher Durchschnittstemperatur in Tagen (d) oder Stunden (h)

T_i = durchschnittliche Betontemperatur im Intervall in °C

Gleiche Zahlenwerte für R zeigen dabei gleiche Festigkeiten an.

Ein Bauteil darf erst ausgeschalt werden, wenn der Beton ausreichend erhärtet ist, d. h. die zu diesem Zeitpunkt angreifenden Lasten mit Sicherheit aufgenommen werden können (Tafel 2.17).

2.10 Überwachen der Betoneigenschaften

Für Beton B II, und hierzu zählen in der Regel Betone für Abwasseranlagen, ist eine Güteüberwachung nach DIN 1084, bestehend aus Eigen- und Fremdüberwachung, durchzuführen. Das Unternehmen muß über eine Betonprüfstelle E verfügen, zu deren Aufgaben u. a. die Eigenüberwachung gehört. Hat das Unternehmen keine eigene Prüfstelle, sind die Aufgaben durch Verträge einer Prüfstelle E zu übertragen, die nicht gleichzeitig auch einen Zulieferer überwacht. Die Fremdüberwachung wird durch eine anerkannte Überwachungsgemeinschaft, Güteschutzgemeinschaft oder eine dafür anerkannte Prüfstelle F durchgeführt.

Der Umfang dieser Güteprüfung ist in DIN 1045 geregelt und in Tafel 2.18 zusammengefaßt. Der Nachweis der Güte ist auch bei Verwendung von Transportbeton durchzuführen. Festigkeitsprüfungen im Rahmen der Eigenüberwachung des Transportbetons dürfen angerechnet werden, wenn der Beton für die Prüfkörper auf der betreffenden Baustelle entnommen wurde. Werden weniger als 100 m³ Transportbeton B I je Betoniervorgang eingebracht, so können auf einer anderen Baustelle hergestellte Probekörper angerechnet werden, wenn Beton desselben Werkes, derselben Zusammensetzung und in derselben

45

Tafel 2.18: Umfang der Güteprüfung für Ortbeton

Beton-gruppe	Gegenstand der Prüfung		Häufigkeit
B II	Wasserzementwert	je Beton-sorte	beim ersten Einbringen, dann einmal je Betoniertag
	Konsistenz		beim ersten Einbringen, beim Herstellen der Probekörper, zusätzlich in angemessenen Zeitabständen
	Druckfestigkeit		6 Würfel[1] je 500 m³ Beton oder je Geschoß oder je 7 Betoniertage[2]
B I	Wasserzementwert[3]	je Beton-sorte	beim ersten Einbringen, dann einmal je Betoniertag
	Zementgehalt		beim ersten Einbringen, dann in angemessenen Zeitabständen
	Konsistenz		beim ersten Einbringen, beim Herstellen der Probekörper
	Druckfestigkeit		3 Würfel je 500 m³ Beton oder je Geschoß oder je 7 Betoniertage[2]

[1] Die Hälfte der geforderten Würfelprüfungen kann durch zusätzliche w/z-Wert-Bestimmungen ersetzt werden. Zwei w/z-Werte ersetzen einen Würfel.
[2] Die Forderung, die die größte Anzahl von Würfeln ergibt, ist maßgebend.
[3] Nur bei Beton für Außenbauteile; gilt als erfüllt bei $\beta_{WN} \geqq 32\,N/mm^2$.

Woche verwendet wurde. Die Betonfestigkeit dieser Betonsorte muß dann vom Transportbetonwerk statistisch nachgewiesen werden.

Bei Beton mit besonderen Eigenschaften werden im Einzelfall weitere Prüfungen gefordert, z. B. Wassereindringtiefe bei wasserundurchlässigem Beton oder Luftgehalt bei Beton mit hohem Frost-Tausalzwiderstand. Der Umfang dieser Prüfungen ist zwischen den Vertragspartnern festzulegen. Dabei wird die Wassereindringtiefe an mindestens drei Prüfkörpern nachgewiesen. Bei Beton mit hohem Frost-Tausalzwiderstand ist es zweckmäßig, den Luftgehalt an der Einbaustelle alle zwei Stunden zu prüfen, zumindest aber zu Beginn der Betonierarbeiten, in der zeitlichen Mitte und gegen Ende.

Die Durchführung der Frisch- und Festbetonprüfungen sowie die Herstellung und Lagerung der Probekörper sind in DIN 1048, Teil 1 und 5, beschrieben.

3 Räumerlaufbahnen

3.1 Allgemeines

Die von den Laufrädern der Räumer- und Lüfterbrücken als Fahrbahnen benutzten Wandkronen der Becken werden auch als Räumerlaufbahnen bezeichnet. Die Räumerlaufbahnen müssen deren reibungslosen Betrieb sicherstellen; ihre Oberfläche muß eben, frei von Ausbrüchen und Graten sowie bei jeder Witterung griffig sein. Raumfugen müssen so ausgebildet sein, daß sie schadlos für Räumerbrücke und Bauwerk vom Laufrad überrollt werden können.

Die Räumerlaufbahnen sind verschiedenartigen Beanspruchungen ausgesetzt, denen sie dauerhaft widerstehen müssen, um eine kontinuierliche Befahrbarkeit zu gewährleisten: zusätzlich zu den Beanspruchungen als Außenbauteil müssen sie den Druck- und Schubkräften der Laufräder und den Einwirkungen von Hilfsmitteln widerstehen, die zur Eisfreihaltung im Winter eingesetzt werden. Diese Anforderungen erfüllt eine fachgerecht hergestellte Räumerlaufbahn. Das wiederum verlangt besondere konstruktive Überlegungen zur Vermeidung von schädlichen Rissen und betriebssicheren Raumfugenausbildungen, eine auf die Anforderungen abgestimmte Betonzusammensetzung und spezielle betontechnische Maßnahmen beim Einbau des Betons. In den folgenden Abschnitten werden dazu Hinweise für Planung, Bauausführung und Betrieb gegeben.

3.2 Erforderliche Betoneigenschaften

Allgemeine Anforderungen an den Beton sind in Abschnitt 2.5 bereits behandelt. An dieser Stelle werden deshalb lediglich die vom Stahlbeton der Räumerlaufbahnen zu erfüllenden Kriterien aufgelistet (nach DIN 1045):

- mindestens Betonfestigkeitsklasse B 35
- wasserundurchlässig
- hoher Frostwiderstand, gegebenenfalls mit hohem Frost- und Tausalzwiderstand
- hoher Verschleißwiderstand
- geeignet für Außenbauteile (i. d. R. erfüllt durch die vorgenannten Punkte)
- Betondeckung nach DIN 1045, Tabelle 10, Zeile 4 [3]. Das dort geforderte Nennmaß nom c von 5 cm soll nicht unterschritten werden. Bei Einsatz von Tausalz fordert DIN 19 569 [24] um 1 cm größere Maße der Betondeckung.

3.3 Herstellung der Räumerlaufbahnen

Die eingangs in Abschnitt 3.1 aufgeführten Anforderungen an die Räumerlaufbahn gehen davon aus, daß der vertikale Lastabtrag des Räumers (Druck) und der Antrieb (Schub) über das Räumerrad erfolgen. Das wird z. Z. als die kostengünstigste Bauweise angesehen, die deshalb i. d. R. in den Klärwerken anzutreffen ist. Dabei stellt in erster Linie das angetriebene Rad die hohen Anforderungen an die Räumerlaufbahn. Anders formuliert: Räumer mit Antrieben z. B. über Triebstock (Zahnstangen) oder mit Zentralantrieb (bei Rundbecken) sind unempfindlicher gegenüber Unebenheiten und Glätte in der Fahrspur. Die verschiedenartigen Ausführungen von Räumerlaufbahnen sind nachfolgend aufgeführt und erläutert.

3.3.1 Räumerlaufbahn aus Ortbeton

Beim Betonieren von Wänden stellen sich fast zwangsläufig Mörtelanreicherungen im oberen Wandbereich ein, die einen hohen Wassergehalt und damit eine hohe Porosität sowie eine niedrigere Festigkeit und Dichtigkeit als die übrigen Wandbereiche aufweisen. Da aber die Wandkrone gleichzeitig als Räumerlaufbahn dient, wird diese Fläche mechanisch am höchsten belastet. Ziel beim Herstellen der Wandkrone muß es deshalb sein, diese Mörtelanreicherung sicher zu unterbinden oder zu beseitigen. Verschiedene Verfahrensweisen können empfohlen werden:

- Der obere Teil der Wandkrone – von der frostfreien Tiefe bis zur Oberkante – wird mit einem Beton der Konsistenz KP mit geringem Mörtelanteil frisch in frisch hergestellt. Sofern nicht das gesamte Bauwerk in Luftporenbeton ausgeführt wird, sollte zumindest der in Bild 3.1 gekennzeichnete Bereich zur Erhöhung des Frostwiderstandes in Luftporenbeton ausgeführt werden. Bei Einsatz von Taumitteln ist Luftporenbeton in jedem Fall anzuwenden.

- Wand und Wandkrone werden in *einem* Arbeitsgang hergestellt: Der nachverdichtete Beton steht rund 3 bis 5 cm höher als das Sollmaß. Der Beton ist anschließend auf das Sollmaß abzuziehen, so daß damit die mörtelreiche obere Schicht entfernt wird.

- Die Wände werden bis max. 20 cm unter Oberkante betoniert. Darauf wird frisch in frisch ein Beton steiferer Konsistenz (gegebenenfalls ein Splittbeton) und mit möglichst geringem Mörtelgehalt eingebracht und verdichtet. Ist mit einem Frost-Tausalzangriff zu rechnen, muß dieser Beton zusätzlich Luftporen enthalten (siehe „Beton mit hohem Frost-Tausalzwiderstand", Abschnitt 2.5).

- Herstellen der Wandkrone als separater Ortbetonbalken: Hierzu wird die Beckenwand über die geplante Wasserspiegelhöhe, jedoch nur 30 bis 40 cm unter die spätere Räumerlaufbahn-Oberkante, geschalt, betoniert, verdichtet, nachverdichtet und abgerieben. Damit ist das eigentliche wasserdichte Becken in der üblichen konventionellen Bauweise mit Arbeitsfugen, gegebenenfalls auch Schein- und Raumfugen fertiggestellt. Nach Erhärten des Betons wird die Schalung für den Ortbetonbalken gestellt. Auf die horizon-

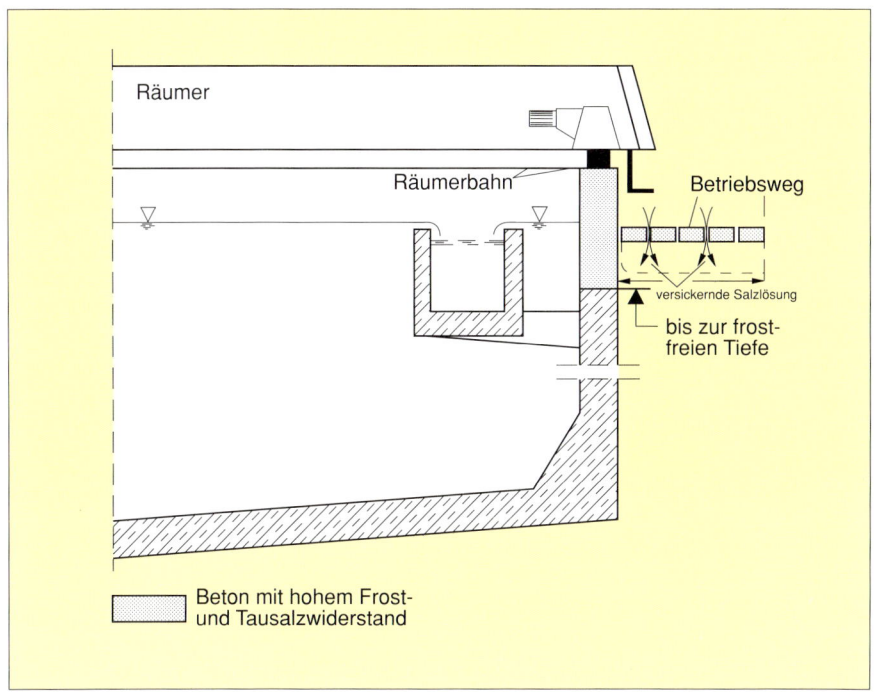

Bild 3.1: Beckenkrone als Räumerlaufbahn: oberer Bereich aus Beton mit hohem Frost-Tausalzwiderstand

tale Arbeitsfuge wird eine Kunststoff-Folienbahn als Ausgleichsschicht in Breite der Wand verlegt, darauf eine Teflonfolie als Gleitschicht, danach wird der Bewehrungskorb eingesetzt. Das Betonieren des Balkens erfolgt ohne Raumfugen, je nach Größe des Beckens sind lediglich Arbeitsfugen erforderlich. So ausgeführte Wandkronen von Rundbecken mit 50 m Durchmesser und von Rechteckbecken mit gleichen Wandkronenlängen haben sich bewährt: nach 10 Jahren sind die Ortbetonbalken rissefrei und die Oberfläche der Wandkrone, also die Räumerlaufbahn, in einwandfreiem Zustand (Bild 3.2).

Für Ortbeton gilt generell, daß die Oberfläche ohne zusätzliches Nässen (z. B. Eintauchen des Reibebretts in Wasser) abzureiben ist. Die Oberfläche kann auch mit dem Glättspan geglättet werden und einen Besenstrich quer zur Wandachse erhalten.

Bei Schnelläufern (rd. 1 m/s) kann das Aufstreuen und Einarbeiten von Hartstoffen in den frischen Beton der Oberfläche vorteilhaft sein, da Hartstoffe bei sachgerechter, sorgfältiger Verarbeitung den Verschleißwiderstand der Räumerlaufbahn erhöhen. Die Hartstoffschicht wirkt *nicht* als Dichtungsschicht gegen eindringendes Wasser oder Tausalz.

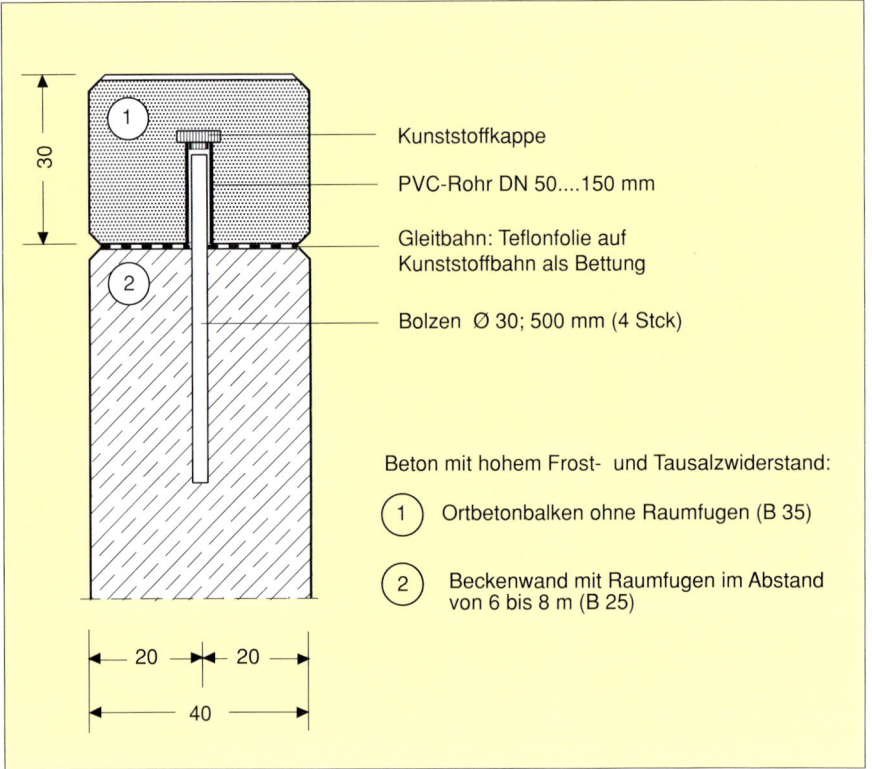

30

1 — Kunststoffkappe

— PVC-Rohr DN 50....150 mm

— Gleitbahn: Teflonfolie auf
Kunststoffbahn als Bettung

2 — Bolzen Ø 30; 500 mm (4 Stck)

Beton mit hohem Frost- und Tausalzwiderstand:

1 Ortbetonbalken ohne Raumfugen (B 35)

2 Beckenwand mit Raumfugen im Abstand
von 6 bis 8 m (B 25)

◄— 20 —►◄— 20 —►

◄— 40 —►

Bild 3.2: Raumfugenloser Ortbetonbalken auf Teflon-Gleitbahn als Räumerlaufbahn eines runden Nachklärbeckens [82]

Beckenkronen, also auch Räumerlaufbahnen, werden im allgemeinen als horizontale Flächen hergestellt, von denen Regen- und Tauwasser schlecht ablaufen können. Die Folgen sind ein über lange Zeiträume wassergesättigter Beton und in dicken Schichten aufstehendes Wasser. Bei Frost wird dadurch der Angriff auf den Beton verstärkt und durch Eisbildung die Betriebssicherheit des Räumers stärker gefährdet. Aus diesem Grund ist eine für das Räumerrad noch verträgliche Querneigung der Wandkrone sinnvoll, die mindestens 5% (also 1,5 cm Höhendifferenz bei 30 cm Kronenbreite) betragen sollte.

3.3.2 Räumerlaufbahnen aus Betonfertigteilen

Eine weitere Möglichkeit kann empfohlen werden, die sich in der Praxis bewährt hat: die Wand wird ebenfalls bis ca. 20 cm unter Oberkante betoniert und die eigentliche Räumerlaufbahn als Fertigteil montiert, wobei der Beton den Anforderungen der Tafel 2.6 bzw. 2.8 entsprechen muß. Durch Tropfnasen an der Unterseite wird erreicht, daß Niederschlags- und Tauwasser vom Fertigteil abtropft und nicht an den Beckenwänden abläuft (Bild 3.3). Die Bettung kann

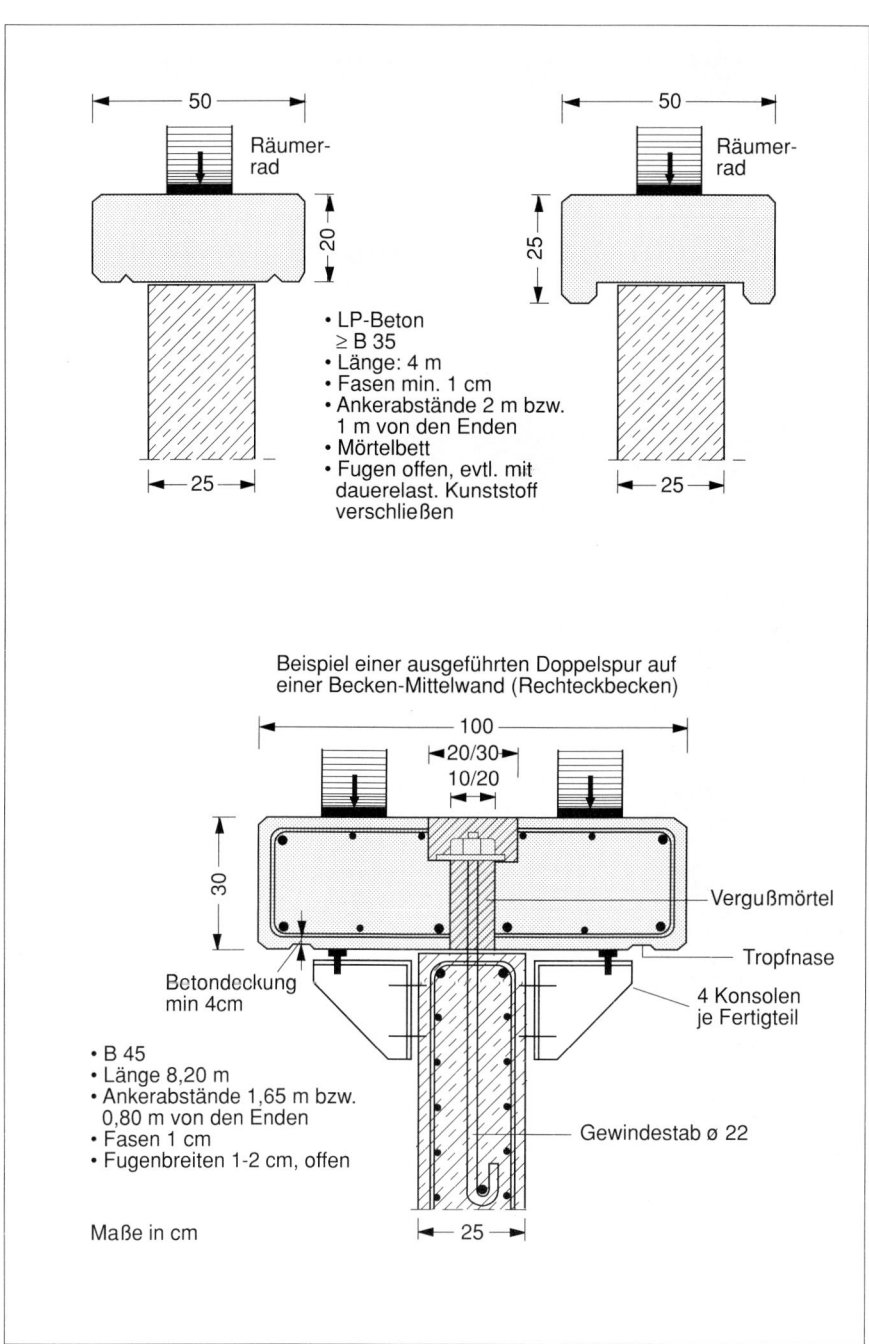

Räumer-rad

LP-Beton
≥ B 35
• Länge: 4 m
• Fasen min. 1 cm
• Ankerabstände 2 m bzw.
  1 m von den Enden
• Mörtelbett
• Fugen offen, evtl. mit
  dauerelast. Kunststoff
  verschließen

Räumer-rad

Beispiel einer ausgeführten Doppelspur auf
einer Becken-Mittelwand (Rechteckbecken)

Vergußmörtel

Tropfnase

4 Konsolen
je Fertigteil

Betondeckung
min 4cm

• B 45
• Länge 8,20 m
• Ankerabstände 1,65 m bzw.
  0,80 m von den Enden
• Fasen 1 cm
• Fugenbreiten 1-2 cm, offen

Gewindestab ø 22

Maße in cm

Bild 3.3: Räumerlaufbahn aus Fertigteilen

51

auf Mörtel oder auf einer Kunststoffbahn erfolgen. Die Stoßfugen sollten unvermörtelt bleiben, da hier dauerhafte Lösungen schwierig sind. Aussparungen für Fugenübergänge werden empfohlen. Bei Doppelspuren, bei denen das Fertigteil wegen der erforderlichen Breite über die Wand hinausragt und das Rad auf dem so entstehenden Kragarm läuft, sollten Konsolen angeordnet werden.

3.3.3 Schienengeführte Räumer

Räumer auf Schienen sind bei Neubauten, teilweise auch bei Instandsetzungen anzutreffen (Bild 3.4). Sie wurden bereits vor Jahrzehnten eingesetzt und werden gelegentlich regional beim Neubau von Kläranlagen ausgeschrieben. Die Enteisung ist beim Antrieb über die Schiene notwendig; bei anderen Antriebsarten (Triebstock, Kette, Seil) ist Enteisung im allgemeinen nicht erforderlich. Dabei müssen u. U. andere Probleme gelöst werden wie z. B. beim Triebstock, der über Bewegungsfugen hinweggeführt werden muß und empfindlich auf Setzungen reagiert.

Bild 3.4: Schienen als Räumer-laufbahn

Bild 3.5: Räumerlaufbahn aus
5-mm-Aluminium-Riffelblech
(beheizt)

3.3.4 Laufspuren aus Edelstahl und Aluminium

Eher bei Instandsetzungen als bei Neubauten sind unterschiedliche Systeme und Ausbildungen des „Fahrbahnbelages" aus Metallwerkstoffen bekannt. Die Auswahl des Systems wird immer von zahlreichen Rahmenbedingungen abhängen: dazu gehören u. a. die mechanische Festigkeit und ausreichende Befestigung des Belags. Somit können Radlasten, quer wirkende Schubkräfte und Wärmedehnungen schadlos aufgenommen und abgetragen werden. Die Griffigkeit kann durch kräftige Riffelung der Metalloberfläche erzielt werden. Dabei muß gegenüber Beton ein höherer Verschleiß der Bandagen der Lauf-räder hingenommen werden. Die Dauerhaftigkeit erfordert zusätzlich die sichere Vermeidung von Elementbildung und Kontaktkorrosion [54].

Sofern nicht im Ausnahmefall Schienen- oder andere Walzprofile gewählt werden, sind es meist Bleche aus Stahl, Edelstahl und Aluminium (Bild 3.5). Abdeckungen aus nicht rostfreien Stahlblechen werden heute nicht mehr eingesetzt, da sie zwangsläufig zu Rostfahnen bis hin zu vollständiger Verfärbung der Beckenränder führen. Verschweißte, lose aufgelegte und gegen Abrutschen mit seitlichen Haken versehene Bleche sind unüblich. Die Befestigung mit „überfahrbaren" Schrauben (z. B. Flachkopf-Innensechskantschrauben in Metallbohrdübeln nach [54]) mit offenen Stößen ist der Regelfall. Bei Aluminiumblechen sind dabei wegen der unterschiedlichen Wärmedehnungen von Aluminium und Beton auf die Plattenlänge abgestimmte Spaltbreiten und die Befestigung mit nur einem Festpunkt je Platte vorzusehen. Die Breite des Belags richtet sich nach der Breite und den Toleranzen der Beckenkrone: schmale Wände (25 bis 30 cm) sollten voll abgedeckt werden, breite nur in der erforderlichen Fahrbahnbreite (z. B. bei 12 cm Bandagenbreite auf 20 bis 30 cm). Die Bilder 3.6 und 3.7 zeigen Aussehen und Aufbau eines Belages mit Aluminium-Riffelblech.

Bild 3.6: Oberflächentextur und Befestigung

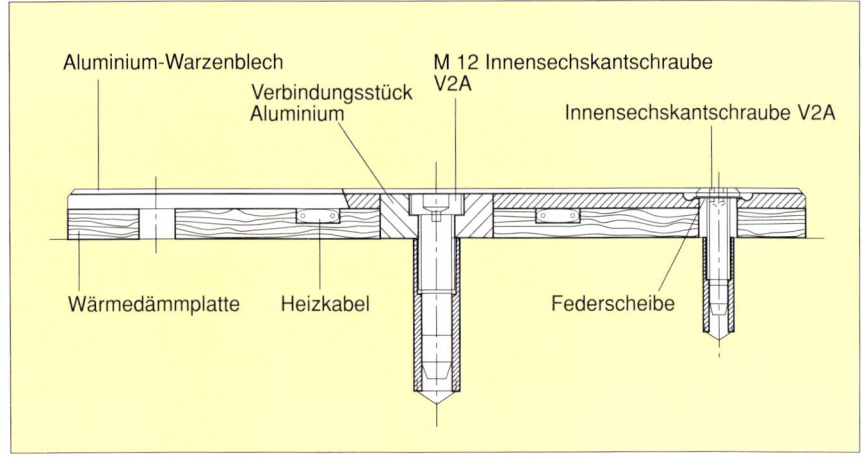

Bild 3.7: Aufbau des Fahrbahnbelags (Querschnitt) [54]

3.4 Fugenübergänge

An Bewegungsfugen erfahren die Fugenflanken auch bei den üblichen niedrigen Räumergeschwindigkeiten von rd. 3 cm/s hohe Belastungen durch Druck und Schlag, dem Räumerrad stellt sich ein höherer Abrollwiderstand entgegen. Die Breite der Bewegungsfugen ist deshalb auf rd. 2,5 cm und der Höhenversatz auf rd. 0,5 cm zu begrenzen. Schnelläufer verlangen die Einhaltung wesentlich geringerer Werte.

Hohe Belastung und hoher Abrollwiderstand erfordern besondere Maßnahmen bei der Fugenkonstruktion: eine spezielle Ausbildung der Fugenübergänge ist zweckmäßig und einer Fugenpanzerung überlegen. Bewährt haben sich folgende Konstruktionen:

- Panzerung der Fugenkanten mit Stahlwinkeln (bei kleinen Fugenbreiten, <1,5 cm)
- Fugenübergang aus nichtrostenden Stahlplatten mit schräg verlaufender Fuge im Blech
- Fugenübergang als Schleppblech (mit parallel oder schräg zur Bewegungsfuge der Beckenkrone verlaufender Bewegungsfuge in der Fugenübergangskonstruktion)
- Fugenübergang nach Art der „Brückenbleche"
- „Fugen-Brücke"
- Lose aufliegendes Blech mit seitlichen vertikalen Blechwangen (Variante des Schleppblechs, Blechwangen nur an einer Fugenseite angeschraubt)

Die genannten Fugenübergänge sind in Bild 3.8 dargestellt.

3.5 Eisfreihaltung im Winterbetrieb

Zu den unvermeidbaren technischen Schwierigkeiten schienenloser Räumer durch Schräglauf, Verkanten, mechanischen Beschädigungen von Rad und Fahrbahn, Maßungenauigkeiten der Bauwerke, Wärmedehnung u.ä. [62] kommen im Winter Schnee- und Eisglätte hinzu, die bei Durchdrehen der Räder den Betrieb empfindlich behindern können. Die i. d. R. vor dem Räumerrad angebrachten Vorrichtungen – Schneeräumer aus Stahlblech, Gummi-Schrapper und Besen (siehe Bilder 3.9 und 3.10) – reichen für einen störungsfreien Betrieb oft nicht aus. Maßnahmen, um Eis und Schnee zu entfernen, sind:

- Zusätzliche mechanische Entfernung
- Manuelle Entfernung mit Hilfe von transportablen Geräten (Heißluft oder Gasflamme)
- Streuen von abstumpfenden Mitteln
- Streuen/Auftropfen von Taumitteln: Salz (NaCl), andere feste Taumittel (Harnstoff, z. B. Urea), flüssige Taumittel (z. B. Urea-Glykol-Gemische, Bild 3.16)

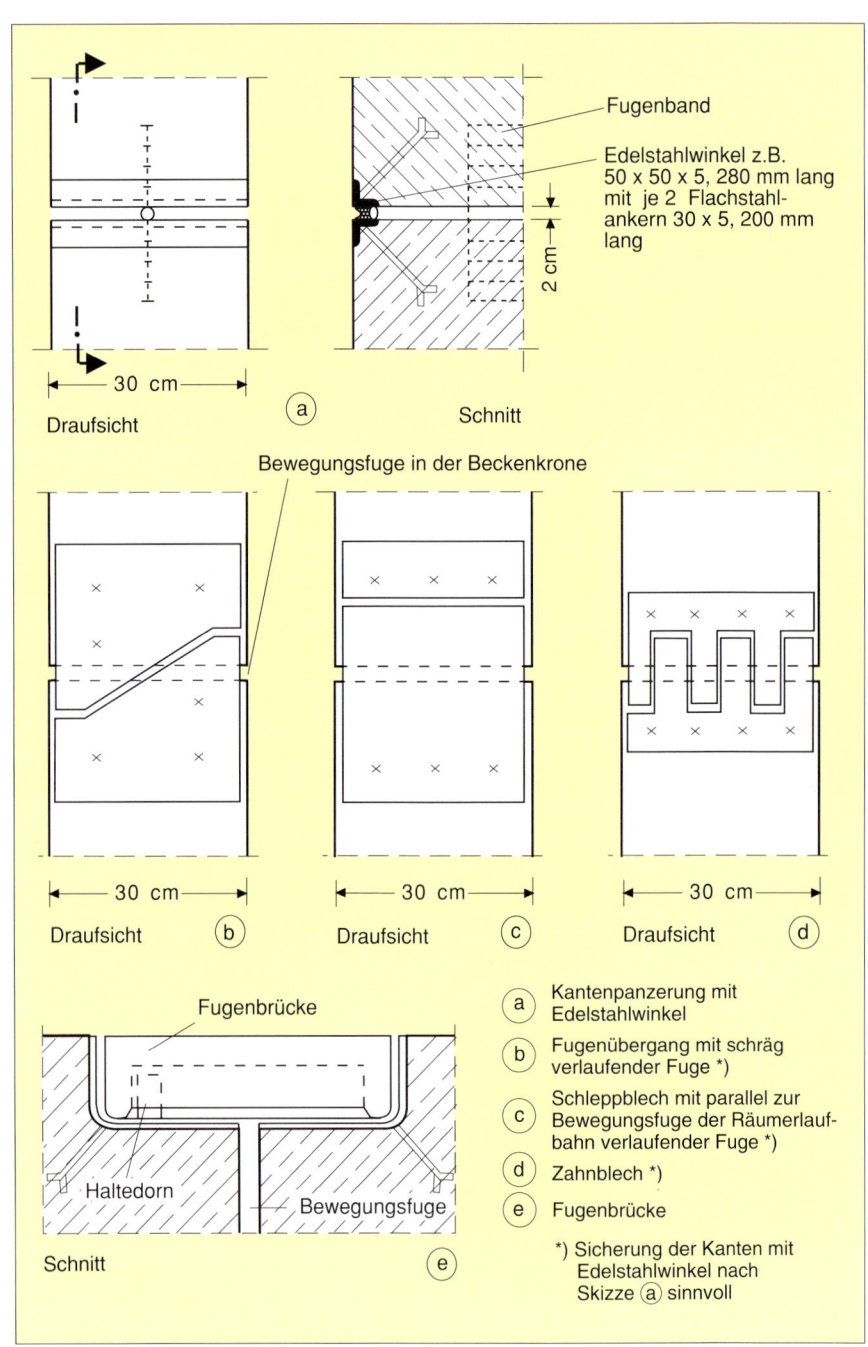

Bild 3.8: Fugenübergänge bei Bewegungsfugen

56

Bild 3.9: Schneeräumer: Gummi-Schrapper, höhenverstellbar

Bild 3.10: Schneeräumer: Stahlblech und Besen, getrennt höhenverstellbar

57

Bild 3.11: Vollautomatisch
arbeitendes kombiniertes Schnee-
kehr- und Enteisungsgerät [83]

Bild 3.12: Infrarotstrahler

58

- Vollautomatisches Schneekehrgerät (Bild 3.11) [83]
- Abschmelzen durch vor dem Räumerrad angebrachte Infrarot-Strahler (Bild 3.12) oder Heißluftgebläse (Bild 3.13)
- Einlegen von elektrischen Heizdrähten (Bild 3.14) und Heizungsrohren beim Betonieren
- Nachträgliches Einlegen von Heizdrähten in eingeschnittene Schlitze oder Einziehen in einbetonierte Rohre (Bild 3.15)
- Montage einer beheizbaren Fahrbahn aus Aluminium- oder Edelstahlblechen (s. Abschnitt 3.4, Bild 3.7) [54]

Die Beurteilung der *Wirksamkeit* der vorgenannten Maßnahmen oder einer Kombination entzieht sich wegen der Vielfalt der Einflußgrößen einer objekti-

Bild 3.13: Stufenlos steuerbares Hochdruck-Heißluftgebläse

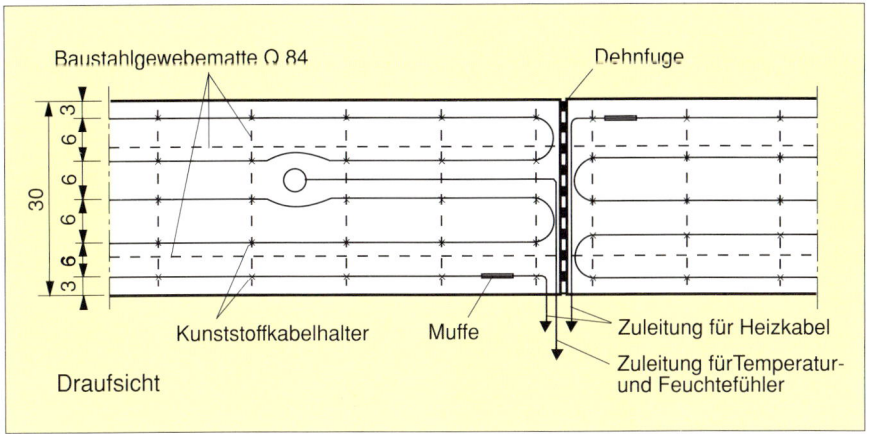

Bild 3.14: Anordnung elektrischer Heizdrähte in einer 30 cm breiten Wandkrone [86]

59

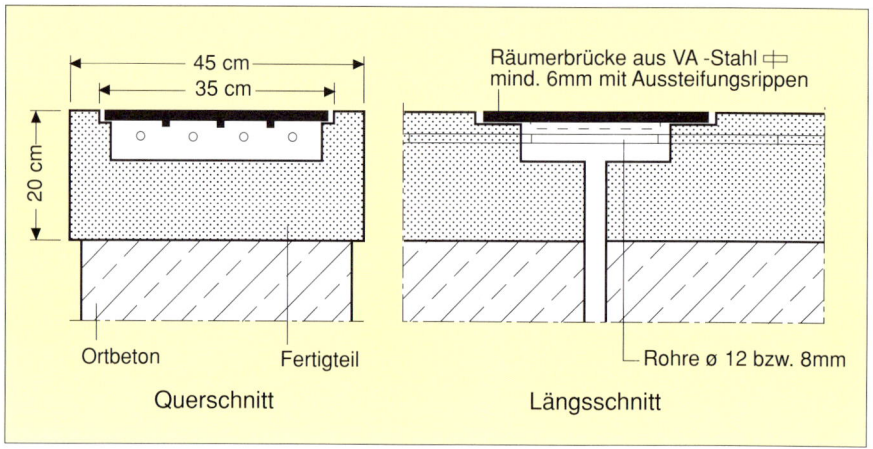

Bild 3.15: Beheizte Räumerlaufbahn aus Fertigteilen; Verlegung der Heizkabel in VA-Rohren [85]

Bild 3.16: Räumer mit Taumittel-Kanister

ven Beurteilung und ist allgemeingültig nicht zu beantworten. Andererseits können die Maßnahmen selbst zur Überbeanspruchung der Räumerlaufbahn führen.

– Gummi-Schrapper sind bei Schnee hilfreich, wenn sie – verstellbar und in kurzen Zeitabständen nachgestellt – direkt über den Beton schrappen. Der Verschleiß ist hoch; das Gerät ist unwirksam bei Eis und überfrierender Nässe und deshalb als alleinige Maßnahme nicht ausreichend.

– Die zusätzliche Entfernung von Eis und Schnee von Hand sowie mit Hilfe von Heißluft oder Gasflamme mit transportablen Geräten verlangt Personaleinsatz zum richtigen Zeitpunkt (nachts: Erfordernis schwer abzuschätzen, Sicherheitsrisiko); führt in der Praxis i. d. R. zu unerlaubtem Einsatz von Tausalzen.

– Die Verwendung von Brechsand aus hartem Gestein kann durch den Schmirgeleffekt zu starkem Verschleiß und nachfolgenden Schäden in der Fahrspur führen.

Tausalze können zu Abplatzungen und Abschieferungen an der Betonoberfläche und Chloridkorrosion des Bewehrungsstahls führen. Harnstoffe (Urea) haben eine größere Wirksamkeit beim Auftauen von Eis und Schnee; mit dem größeren Effekt ist aber gleichzeitig ein schärferer Angriff auf den Beton verbunden. Es ist ratsam, bei Verwendung von Harnstoffen die Betonzuschläge einer entsprechenden Frostprüfung zu unterziehen (analog den Verfahren zur Prüfung des Frost-Tausalzangriffs). Bei fachgerechter Betonzusammensetzung und Bauausführung (siehe Abschnitt 2.5) sind aufgebrachte Taumittel unschädlich für das Bauwerk und relativ sicher für den Räumerbetrieb.

– Vollautomatisch gesteuerte mechanisch arbeitende Geräte können insbesondere in Verbindung mit wirksamen, für Beton und Stahl unschädlichen flüssigen Taumitteln einen sicheren Betrieb im Winter gewährleisten.

– Die Wirksamkeit von Infrarotstrahlern wird von den Betreibern unterschiedlich beurteilt: von „wirksam" bis „unzureichend". Ein Vergleich verschiedener Anlagen ist nicht möglich, weil – und das dürfte die Ursache für die Widersprüche sein – die Einflüsse der spezifischen Gegebenheiten (Heizleistung, Abmessung und Anordnung der Heizstäbe, Höhe der „Heizbox" über der Räumerlaufbahn, Räumergeschwindigkeit, Witterungsverhältnisse usw.) quantitativ nicht ausreichend sicher eingeschätzt werden können. In keinem Fall konnte bisher nachgewiesen werden, daß die häufigen schroffen Temperaturänderungen auf der Betonoberfläche (z. B. einmal je Stunde) zu Schäden führen. Für starke Heißluftgebläse gilt ähnliches.

– Gute Erfahrungen liegen mit beheizten Räumerlaufbahnen vor, bei denen Heizkabel in die Betonoberfläche eingelegt wurden, die über Temperatur- und Feuchtefühler gesteuert werden. Heizleistung, Abstand und Tiefenlage der Heizkabel (sowie bei nachträglichem Einbau der verwendete Mörtel zum Schließen der eingeschnittenen Schlitze) sind maßgebend für den Erfolg.

– Die Abdeckung der Wandkronen mit beheizbaren Riffelblechen bei Instandsetzungsmaßnahmen hat sich nach [54] im Betrieb bewährt.

4 Abwasserleitungen

Der Zweck einer Kanalisation ist die unschädliche und geruchlose Ableitung von Abwässern aller Art. Als Baustoff für Abwasserleitungen und ihrer Bauwerke wird überwiegend Beton verwendet. Die heutige Bedeutung zementgebundener Rohre für Abwasserleitungen beruht auf der über 100jährigen Nutzung und Bewährung der Werkstoffe Beton und Stahlbeton sowie Spannbeton und Faserzement, ihrer Anpassungsfähigkeit an alle baulichen und betrieblichen Erfordernisse und nicht zuletzt auf ihrer Wirtschaftlichkeit. Die stetige Weiterentwicklung qualitativer und technischer Art war die Voraussetzung für den heutigen hohen Entwicklungsstand. Bei sorgfältiger Planung, Fertigung und Verlegung unter Berücksichtigung aller wichtigen Einflußfaktoren lassen sich Rohrleitungen erstellen, die über viele Jahrzehnte betriebssicher funktionieren.

4.1 Rohrarten

Beton- und Stahlbetonrohre für erdverlegte Abwasserkanäle und Abwasserleitungen müssen den Mindestanforderungen der DIN 4032 und DIN 4035 entsprechen. Die Qualität der Rohre ist durch Eigen- und Fremdüberwachung der Herstellung zu sichern. Darüber hinaus können sie den erhöhten Anforderungen der FBS-Qualitätsrichtlinie genügen. Mit der Kennzeichnung „FBS" (Fachvereinigung Betonrohre und Stahlbetonrohre e. V.) bestätigt der Hersteller verbindlich, daß die Beton- bzw. Stahlbetonrohre den Anforderungen der Qualitätsrichtlinie entsprechen.

4.1.1 Betonrohre

Betonrohre nach DIN 4032 und zugehörige Formstücke werden zum Bau von Freispiegelleitungen verwendet. Die Rohre haben in der Regel Kreis- (K) oder Eiquerschnitt (E). Zur Anpassung an besondere bauliche oder hydraulische Erfordernisse können andere Querschnittsformen, z. B. Maul-, Rechteck- und Rinnenquerschnitt angefertigt werden. Betonrohre mit Kreisquerschnitt werden ohne oder mit Fuß (F), mit normaler oder verstärkter Wanddicke (W) hergestellt. Die Rohrverbindungen sind als Falz- (F) oder Muffenverbindung (M) ausgeführt (Bild 4.1).

Bei den Formstücken werden Zuläufe, Bogen, Böschungsstücke, Schachtunterteile und sonstige Formstücke – wie z. B. Anschlußstücke, Paßstücke, Übergangsstücke – unterschieden. Schächte aus Fertigteilen bestehen aus Schachtunterteilen und Schachtringen nach DIN 4034 und Rohren nach DIN 4032 als aufgehender Schacht. Schachtunterteile können senkrecht stehende Rohre mit

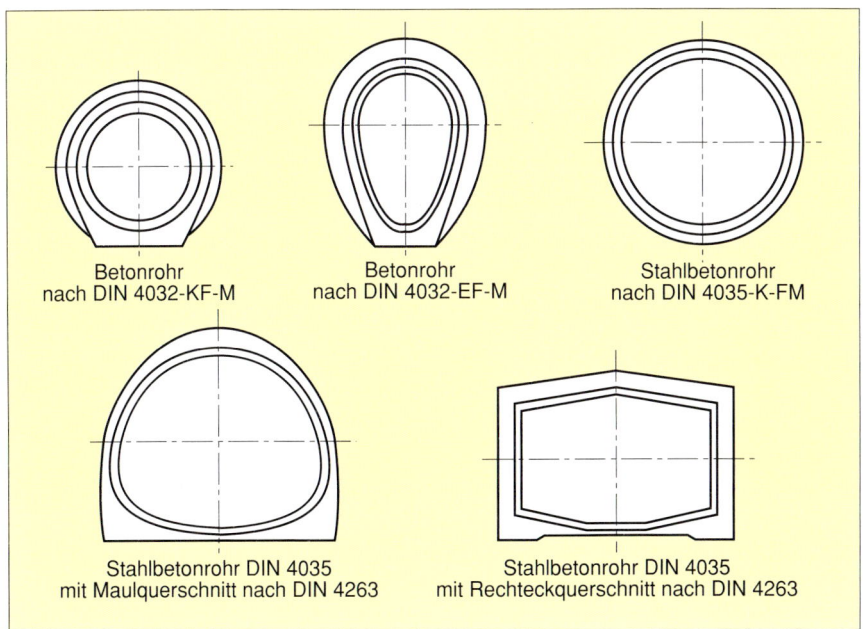

Bild 4.1: Querschnitte von Rohren (Beispiele)

Bodenplatte und Gerinne und mit einbetonierten bzw. nachträglich einge-
setzten Anschlußstücken oder durchgehende Rohre mit seitlich (tangential)
oder zentrisch angesetztem Schachtaufsatz sein.

Bezeichnung eines Betonrohres mit Kreisquerschnitt ohne Fuß, wandverstärkt
(KW), mit Muffe (M), Nennweite 1200 und Baulänge $l_1 = 2000$ mm:

Betonrohr DIN 4032 – KW-M 1200 × 2000

Bezeichnung eines Betonrohres mit Eiquerschnitt mit Fuß (EF), mit Muffe (M),
Nennweite 800/1200 und Baulänge $l_1 = 2000$ mm:

Betonrohr DIN 4032 – EF-M 800/1200 × 2000

4.1.2 Stahlbetonrohre/Stahlbetondruckrohre

Für *Stahlbeton-/Stahlbetondruckrohre* nach DIN 4035 und zugehörige Formstücke gelten auch die Regeln der DIN 1045, insbesondere die Festlegungen für
Bindemittel, Betonzuschläge, Betonzusätze (Zusatzmittel, Zusatzstoffe), Zugabewasser sowie Bereiten, Befördern, Fördern, Verarbeiten und Nachbehandeln. Die Betondeckungsmaße müssen mindestens Tabelle 1 nach DIN 4035
genügen.

Die Rohre werden verwendet zum Bau von Freispiegelleitungen und Druckleitungen für Wasser, Abwasser und Feststofftransport. Sie werden auch für Schutzrohrkonstruktionen eingesetzt.

Die übliche Form ist das außen und innen kreisförmige Rohr. Die Rohrverbindungen werden als Glockenmuffen (GM), als Falzmuffen (FM) und muffenlos (OM) hergestellt, wobei nur Glocken- und Falzmuffen zur Verwendung von Dichtringen aus Elastomeren geeignet sind. Rohre ohne Muffen sind vorgesehen für den Einbau mit Rohrvortriebsverfahren.

Je nach hydraulischen und statischen Erfordernissen können ebenfalls Rohre mit Fuß und anderen Querschnittsformen gefertigt werden. Die üblichen Abmessungen sind der Tafel 4.1 zu entnehmen. Die Kurzbezeichnung eines kreisförmigen Stahlbetonrohres mit Glockenmuffe (K-GM), Nennweite DN 1000 und Baulänge 1 = 2500 mm lautet:

$$\text{Stahlbetonrohr DIN 4035 – K-GM 1000} \times 2500$$

4.1.3 Spannbetonrohre

Spannbetonrohre können aus technischen und wirtschaftlichen Gründen bei hohen Belastungen und großen Nennweiten erforderlich sein. Sie werden sinngemäß nach DIN 4035 bzw. den Regeln des Spannbetons (DIN 4227) bemessen. Die Baulänge kann bis zu 8 m betragen, der Querschnitt ist überwiegend kreisförmig (Tafel 4.1). Für Druckleitungen können auch *Spannbetondruckrohre* eingesetzt werden.

4.1.4 Faserzementrohre

Faserzementrohre werden aus einer Mischung von asbestfreien Fasern, Zement nach DIN 1164 und Wasser maschinell unter Druck gefertigt. Sie stehen nach DIN 19850 in zwei Klassen zur Verfügung, und zwar Klasse A als Standardklasse und Klasse B als schwere Klasse. Die Baulängen liegen zwischen 4 und 5 m, auf Wunsch können auch halbe Baulängen geliefert werden. DIN 19800 gibt Hinweise für Faserzement-Druckrohre (Tafel 4.1).

4.2 Technische Eigenschaften der Rohre

Beton-, Stahlbeton- und Stahlbetondruckrohre werden im allgemeinen aus Beton der Festigkeitsklasse B 45 und höher, Spannbeton- und Spannbetondruckrohre aus Beton der Festigkeitsklasse B 55 hergestellt. Die für diese Festigkeitsklassen erforderlichen betontechnologischen Maßnahmen – geeigneter Kornaufbau, hoher Zementgehalt, niedriger Wasserzementwert – ergeben bei der intensiven maschinellen Verdichtung des Rohrbetons ein wasserdichtes Rohr. Dieses steht nicht im Widerspruch zu der Feststellung, daß bei der Rohr-

Tafel 4.1: Zusammenstellung genormter Rohre (in Anlehnung an DIN 2410)

Rohrart	Norm	Baustoff	Nenndruck-stufe	Nennweiten-bereich in mm
Betonrohre kreisförmiger Querschnitt mit – normaler Wanddicke	DIN 4032	Beton nach DIN 4032 und DIN 1045	drucklos	100 bis 800
– verstärkter Wanddicke				300 bis 1500
eiförmiger Querschnitt mit – normaler Wanddicke				500/750 bis
– verstärkter Wanddicke				1200/1800
Stahlbetonrohre kreisförmiger Querschnitt	DIN 4035	Stahlbeton nach DIN 4035 und DIN 1045	drucklos	250 bis 4000 und größer
sonstige Formen wie Ei-, Maul-, Rechteckquer-schnitt usw.				sinngemäß wie kreisför-miger Quer-schnitt
Stahlbetondruck-rohre			innerer Über- oder Unterdruck	250 bis 4000 und größer
Spannbetonrohre kreisförmiger Querschnitt	DIN 4035 (als Anhalt)	Spannbeton nach DIN 4227	drucklos	500 bis 4000 und größer
sonstige Formen				sinngemäß wie kreisförmiger Querschnitt
Spannbetondruck-rohre			innerer Über- oder Unterdruck	500 bis 4000 und größer
Faserzementkanal-rohre	DIN 19 850	Faserzement	drucklos	Klasse A: 400 bis 1500 Klasse B: 100 bis 1500
Faserzementdruck-rohre	DIN 19 800		innerer Über- oder Unterdruck	100 bis 2000

oder Leitungsprüfung gelegentliche Durchfeuchtungen auftreten bzw. eine Wasserzugabe erforderlich wird, für die vor allem der Austrocknungsgrad des Rohres eine Rolle spielt.

Rohrbeton weist einen hohen Verschleißwiderstand nach DIN 1045 auf. Der in langjährigen Betriebsbeobachtungen gemessene Abrieb von Rohrbeton – insbesondere unter Berücksichtigung der großen Wanddicken – ist unbedeutend und für die Lebensdauer eines Rohres vernachlässigbar. Soll im Ausnahmefall ein Nachweis geführt werden, sind die Anforderungen und ein geeignetes Prüfverfahren zu vereinbaren.

Für das Einleiten von Abwasser in eine öffentliche Abwasseranlage gelten behördliche Einleitungsbedingungen, die z. B. an das ATV-Arbeitsblatt A 115 angelehnt sind [29]. Danach beurteilt ist Abwasser als „schwach" betonangreifend nach DIN 4030 einzustufen. Herstellungsbedingt haben Betonrohre einen hohen Widerstand gegen „starke" chemische Angriffe nach DIN 4030. Zementgebundene Rohre sind somit beständig gegen die möglichen chemischen Angriffe der in Abwasserkanälen zulässigen und normalerweise vorkommenden Stoffe. Der Widerstand von Rohrbeton speziell gegen Sulfatangriff läßt sich durch den Einsatz eines Zementes mit hohem Sulfatwiderstand (HS-Zement) erhöhen.

Ist Rohrbeton auf Dauer „sehr starken" chemischen Angriffen ausgesetzt, reichen betontechnologische Maßnahmen allein nicht mehr aus. Schutzmaßnahmen für die Betonoberflächen sind je nach Ergebnis einer Wasseranalyse vorzusehen (siehe Abschnitt 6.2).

Chlorierte und aromatische Kohlenwasserstoffe (CKW/AKW) sind Schadstoffe, vor denen das Grundwasser geschützt werden muß. Auch im Abwasser sind diese Schadstoffe vorhanden. Gemäß ATV-Arbeitsblatt A 115 [29] ist der Gehalt an CKW/AKW auf 5 mg/1 begrenzt. Diese Stoffe gelangen hauptsächlich infolge von Leckagen mit dem Abwasser in die Umwelt. Es wurde unabhängig von den verwendeten Rohrwerkstoffen zweifelsfrei belegt, daß die höchsten CKW-Werte im Untergrund mit Undichtigkeiten durch Brüche, Risse, defekte Muffen, unverschlossene Rohrabzweige und mangelhafte Rohranschlüsse korrespondieren [56]. Auch infolge Diffusion durch die ansonsten intakte Rohrwand können Kohlenwasserstoffe aus dem Kanal in das umgebende Erdreich gelangen. Kein Rohrwerkstoff ist gegenüber solchen Diffusionsvorgängen absolut dicht. Einflußparameter für die Diffusionsgeschwindigkeit sind vornehmlich die Porosität und der Feuchtigkeitsgehalt des Werkstoffs sowie die anstehende Konzentration der CKW im Abwasser. Die durch Diffusion austretende Menge an CKW/AKW ist bedeutungslos.

Die Dichtheit der Rohrleitung wird wesentlich bestimmt durch die Dichtheit der Rohrverbindungen. Für die Anforderungen an die Rohrverbindung bei Abwasserkanälen und -leitungen gilt DIN 19 453. Die zu verwendenden Dichtringe, die vom Rohrhersteller mitzuliefern sind, müssen DIN 4060 entsprechen und sind auf die Maße der Rohrverbindung abzustimmen.

Nach der FBS-Qualitätsrichtlinie müssen die Verbindungen als Kompressionsdichtungen (Gleitdichtung) ausgebildet werden. Für Betonrohre des Nennweitenbereiches DN 300 bis DN 1000 wird die Dichtung werkseitig fest in die Muffe eingebaut. Im Nennweitenbereich DN 1100 bis DN 1500 werden die Betonrohre wahlweise mit werkseitig in die Muffen eingebauten oder auf dem Spitzende fixierten Gleitdichtungen geliefert. Bei Stahlbetonrohren werden über dem gesamten Nennweitenbereich Gleitdichtungen entweder fest in die Muffe eingebaut bzw. auf dem Spitzende fixiert.

4.3 Freispiegelleitungen und ihre Bauwerke

Drei Faktoren entscheiden darüber, ob eine Rohrleitung allen an sie gestellten Anforderungen gerecht werden kann: einwandfreie Planung, gute Rohrqualität und fachgerechte Bauausführung. Hierbei ist das Zusammenwirken von Rohr, Rohrverbindung, Rohrauflagerung, Rohreinbettung und Überdeckung maßgeblich für die Stand- und Betriebssicherheit.

4.3.1 Offene Bauweise

Die Sicherheit des Bauwerks erfordert eine statische Berechnung, die nach ATV-Arbeitsblatt A 127 [31] aufgestellt werden sollte. Voraussetzung für die Gültigkeit des Berechnungsverfahrens ist die nach DIN 4033 festgelegte Bauausführung. Die vertraglichen Regelungen enthält die VOB, Teil C, DIN 18306 „Entwässerungskanalarbeiten" [20].

Der Einbau der Rohrleitung wird technisch bestimmt durch die Art der Auflagerung und die Form der Einbettung. Lagerung und Einbettung sind Bestandteile des Bauwerks Rohrleitung und bilden gemeinsam die Leitungszone, an die sich der Bereich der Überschüttung anschließt. Die für die Berechnung benötigten bodenmechanischen Kennwerte (Wichte, innerer Reibungswinkel, Verformungsmodul) können, wenn keine genaueren Angaben vorliegen, dem o. g. Arbeitsblatt entnommen werden.

Die Auflagerausbildung bestimmt die Tragfähigkeit der Rohrleitung und das Maß der zu erwartenden Setzungen. Linien- oder Punktlagerungen sind auszuschließen, da sie zwangsläufig zu Schäden führen. So ist auf das einwandfreie Herstellen des in der Statik festgelegten Auflagerwinkels besonders zu achten. Erfolgt der Einbau auf tragfähigem gewachsenem Boden, wird das Auflager durch Unterstopfen und Verdichten mit nichtbindigem, verdichtungsfähigem Material ausgeführt, wobei dessen Proctordichte mindestens der des anstehenden Bodens entsprechen muß.

Bei sehr festem Untergrund, wie z. B. Fels, sollte ein Kies-Sand-Auflager in einer Dicke von 100 mm + $\frac{1}{5}$ der Rohrnennweite vorgesehen werden. Der geforderte Verdichtungsgrad ist der Statik zu entnehmen. Hat der Untergrund eine unzureichende Tragfähigkeit oder wechseln die Bodenarten örtlich stark, ist eine Betonsohle möglichst über die gesamte Grabenbreite einzubauen.

Der Bereich der *Einbettung* reicht von OK-Auflager bis 30 cm über den Rohrscheitel. Bautechnisch werden vier Einbettungsbedingungen (B 1 bis B 4) unterschieden, deren Einfluß auf die Umlagerung der Bodenspannungen zu berücksichtigen ist. Einbettungen, die statisch ungenau erfaßt oder bautechnisch nicht einwandfrei ausgeführt wurden, sind häufigste Ursache für Schäden an den Rohrleitungen. Durch unzureichende Verdichtung werden nachträgliche Setzungen verursacht, die zu einer ungewollten und statisch nicht erfaßten Lastkonzentration über dem Rohrscheitel führen. Dieses muß verhindert werden, indem im Bereich der Einbettung verdichtungsfähiger Boden (Sand, Kiessand, Splitt) in Lagen bis zu 30 cm eingebaut und mit leichtem Gerät verdichtet wird. Folgende Verdichtungsgrade (Proctordichte) sollten erreicht und nachgewiesen werden:

bei nicht- und schwachbindigen Böden $D_{Pr} = 95\%$,
bei   bindigen Böden $D_{Pr} = 92\%$.

Dieses gilt nicht bei anstehenden Böden, deren natürliche Lagerungsdichte kleiner ist.

Rohrbettungen können auch nach den ZTVE-StB 76 [40] so ausgebildet werden, daß unzulässige Längsbiegungen sowie punkt- und linienförmige Auflagerungen vermieden werden. Kreisförmige Beton- und Stahlbetonrohre ohne Fuß werden vorzugsweise auf Bodenverfestigung mit Zement verlegt. Einerseits wird dadurch eine unverrückbare Gefällelage sichergestellt, andererseits wird die fugendichte Verlegung erleichtert (Bild 4.2). Die Herstellung der Rohrbettung mit fließfähiger Dämmersuspension zeigt Bild 4.3.

Der Bereich der *Überschüttung* beginnt oberhalb der Einbettung. Bautechnisch werden vier Überschüttungsbedingungen (A 1 bis A 4) unterschieden, deren Einfluß bei der Ermittlung der mittleren vertikalen Bodenspannung in Rohrscheitelebene zu berücksichtigen ist.

Aufgrabungen von befestigten Verkehrsflächen führen infolge unterschiedlicher Setzungen von ungebundenen Verfüllbaustoffen zu den bekannten und verkehrsgefährdenden Unebenheiten der Straßenoberfläche. Durch Verfüllen der Aufgrabungen mit zementverfestigten Böden sind diese unangenehmen Folgeerscheinungen vermeidbar. Die gesamte Verfüllung mit zementverfestigten Böden ist auch deshalb zweckmäßig, da nach den ZTV A-StB 89 [40] die Bereiche der Leitungszonen, die sich nicht einwandfrei mit ungebundenen Böden verfüllen und verdichten lassen, ohnehin mit Beton oder einem Boden-Bindemittel-Gemisch verfüllt werden müssen (Bild 4.4). Das Überschütten der Rohrleitung sollte lagenweise erfolgen, so daß ein ausreichendes Verdichten gewährleistet ist. Mittleres und schweres Verdichtungsgerät darf erst bei einer Scheitelüber-

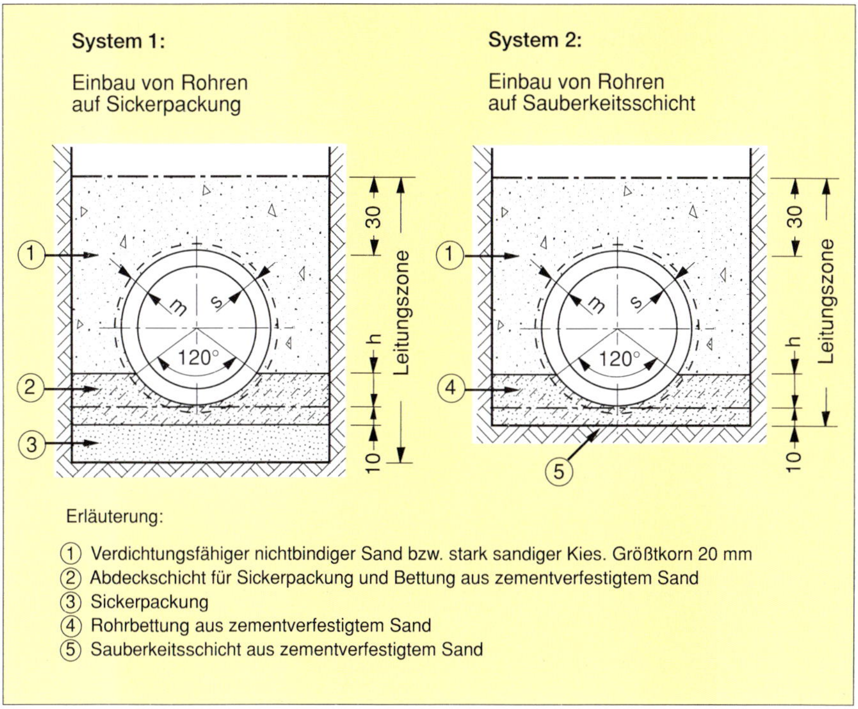

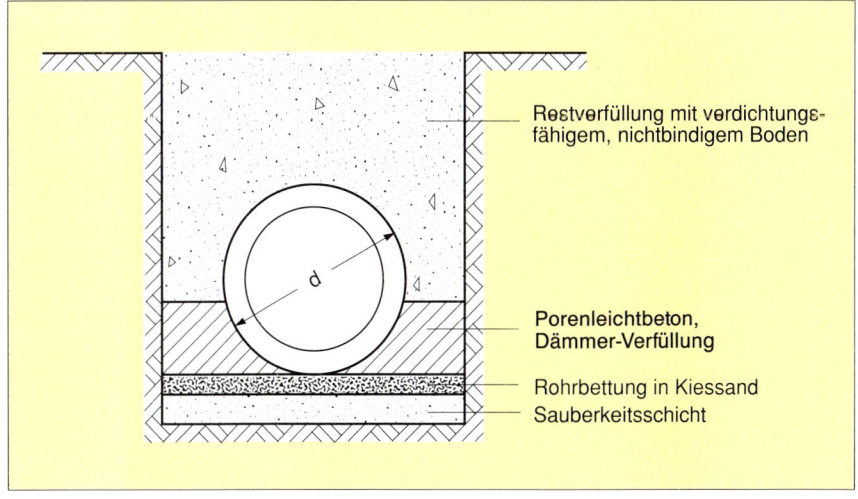

System 1:
Einbau von Rohren auf Sickerpackung
System 2:
Einbau von Rohren auf Sauberkeitsschicht
30
h
10
Leitungszone
s
120°
Erläuterung:
① Verdichtungsfähiger nichtbindiger Sand bzw. stark sandiger Kies. Größtkorn 20 mm
② Abdeckschicht für Sickerpackung und Bettung aus zementverfestigtem Sand
③ Sickerpackung
④ Rohrbettung aus zementverfestigtem Sand
⑤ Sauberkeitsschicht aus zementverfestigtem Sand

Bild 4.2: Rohrbettung mit zementverfestigtem Sand [34]

d
Restverfüllung mit verdichtungsfähigem, nichtbindigem Boden
Porenleichtbeton, Dämmer-Verfüllung
Rohrbettung in Kiessand
Sauberkeitsschicht

Bild 4.3: Rohrbettung in Dämmer oder Porenleichtbetohn

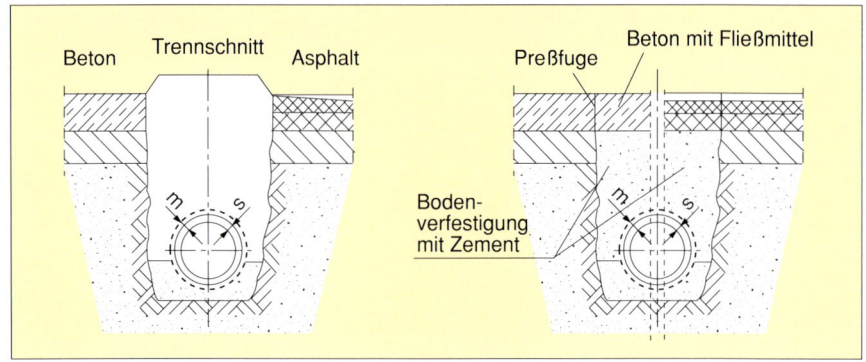

Bild 4.4: Grabenverfüllung mit zementverfestigtem Boden und Wiederherstellen der Decke

deckung über 1 m eingesetzt werden. Das Verdichten mit Fallgewichten ist verboten.

Nicht in der Statik berücksichtigte Lastfälle, wie z. B. Belastungen während der Bauausführung durch schweres Gerät bei zu geringer Überdeckung, sind auszuschließen.

Für die Tiefbauunternehmer ist es wichtig, daß der planende Ingenieur in der Ausschreibung alle die Punkte für die Bauausführung auflistet, die der statischen Berechnung zugrunde gelegt wurden. Vor Einbau der Rohre sind diese getroffenen Festlegungen über die Belastungs- und Einbaubedingungen mit denen der Bauausführung zu vergleichen. Insbesondere sind die Höhe der Erdüberdeckung, die angenommene Verkehrslast, der Grundwasserstand, die Bodenart zum Verfüllen der Leitungszone, die Art des Auflagers und die Größe des Auflagerwinkels, die Einbettungsbedingungen und die Art des Grabenverbaus zu kontrollieren. Ergeben sich Differenzen, so ist die Bauausführung der statischen Berechnung anzupassen. Muß die Berechnung geändert werden, ist der Rohrhersteller umgehend zu informieren, da möglicherweise stärker bemessene Rohre benötigt werden.

4.3.2 Geschlossene Bauweise

Unter dem i. a. weniger störenden und umweltbelastenden *Leitungstunnelbau* versteht man vornehmlich die unterirdische Herstellung nicht begehbarer Ver- und Entsorgungsleitungen mit Hilfe maschinell und unbemannt arbeitender Verfahren. Er wird in der Regel im Rohrvortrieb hergestellt, wo eine ständige Positions- und Lagebestimmung sowie Richtungskorrektur der Vortriebmaschine vorgenommen werden.

Vortriebrohre im Leitungstunnelbau müssen neben der Beanspruchung im Betrieb zusätzlich die Vorpreßkräfte des Einbauverfahrens aufnehmen. Begeh-

70

bare Vortriebrohre werden ausschließlich aus Stahl- bzw. Spannbeton, gegebenenfalls als Verbundrohre, hergestellt. Bei nicht begehbaren Querschnitten finden auch Vortriebrohre aus Faserzement Anwendung.

Vortriebrohre werden grundsätzlich als Stahlbetonrohre nach DIN 4035 konstruiert und hergestellt. Die besonderen Vorteile dieser Rohre ergeben sich aus ihrer weitgehenden Anpassungsmöglichkeit an alle statischen und konstruktiven Erfordernisse, ihren guten mechanischen Eigenschaften sowie ihrer Wirtschaftlichkeit.

Die spezielle Ausbildung der Fugen bei Vortriebrohren ist im ATV-Merkblatt M 151 [33] generell geregelt. Die Rohrverbindungen dürfen nicht über die Kontur des Rohrstranges hinausragen. Sie müssen während des Vortriebs Längs- und Querkräfte aufnehmen und gleichzeitig gegen das Eindringen von Stütz- und Gleitmitteln und gegebenenfalls Grundwasser und Druckluft dicht sein. Beispiele der Rohrverbindungen bei Vortriebrohren aus Stahlbeton und Faserzement sowie bei Verbundrohren zeigen die Bilder 4.5 bis 4.8.

4.3.3 Qualitätssicherung

Undichtigkeiten an Kanälen führen zu Verunreinigungen von Grundwasser und Boden und zu Leistungsbeeinträchtigungen von Kläranlagen infolge hohen Fremdwasserzuflusses. Unzureichende Beachtung der Einbauvorschriften haben vielfach zu einem Versagen der Tragfähigkeit von Kanälen geführt. Diese Defizite im Kanalbau müssen abgebaut werden. Außerdem sind Erneuerungs- und Sanierungsmaßnahmen mit einem enormen Investitionsbedarf notwendig, die

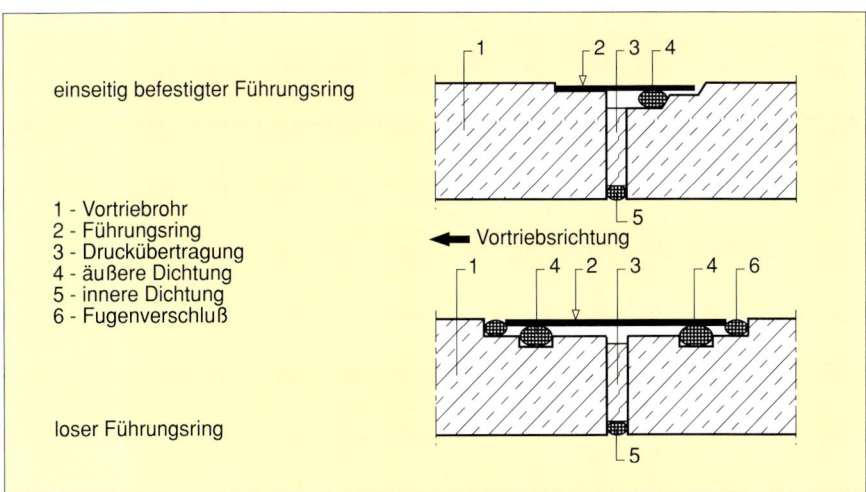

Bild 4.5: Rohrverbindung eines Vortriebrohres nach ATV M 151 [33]

71

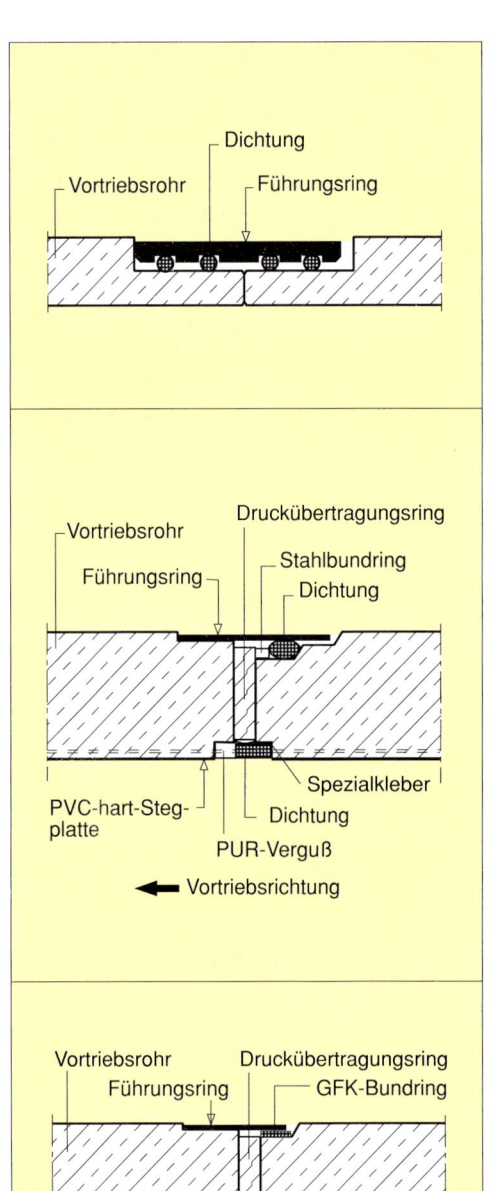

Bild 4.6: Vortriebrohr aus Faserzement: Rohrverbindung mit Faserzement-Hülse als Führungsring [33]

Bild 4.7: Rohrverbindung eines Vortriebrohres aus Stahlbeton mit Auskleidung einer PVC-hart-Stegplatte [33]

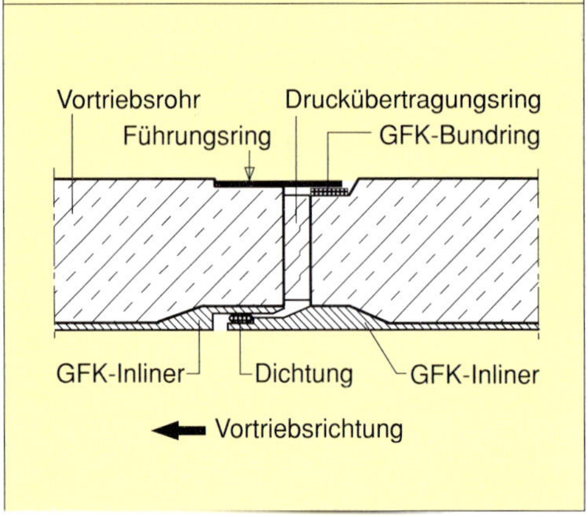

Bild 4.8: Rohrverbindung eines Vortriebrohres aus Stahlbeton mit GFK-Inliner [33]

ebenfalls sorgfältigste Ausführung erfordern. Der *Güteschutz Kanalbau* hat es sich daher zur Aufgabe gemacht, Tiefbauunternehmen und Sanierungsbetriebe hinsichtlich ihrer Qualifikation zu bewerten und entsprechende Gütezeichen zu verleihen.

Neben der Beurteilung und Zertifizierung mit dem RAL-Gütezeichen von Firmen überwacht die Gütegemeinschaft auch die Herstellung und Instandhaltung von Entwässerungskanälen und -leitungen im Rahmen einer Fremdüberwachung der Firmen und der Baumaßnahmen. Dabei umfaßt die Instandhaltung sowohl die Inspektion und Wartung als auch die Schadensbehebung. Die Fremdüberwachung gilt insbesondere der Kontrolle der von den Firmen durchzuführenden Eigenüberwachung.

Für die Tätigkeitsbereiche der Herstellung und Instandhaltung wurden verschiedene Beurteilungsgruppen festgelegt, die mit zusätzlichen Bezeichnungen zum Gütezeichen gekennzeichnet werden. Kriterien für die Beurteilungsgruppen sind Durchmesser der Leitungen, die Bauweise – offen oder geschlossen – und die Tiefenlage. Damit soll erreicht werden, daß Kanalbauarbeiten – Neubau oder Instandsetzung – nur an qualifizierte Betriebe vergeben werden.

4.4 Instandhaltungsgerechte Planung von Kanalisationen

Erfahrungen haben gezeigt, daß die bisherige Planung und konstruktive Gestaltung der Kanalisationen in weiten Bereichen nicht als instandhaltungsgerecht bezeichnet werden kann. Schwachstellen des Systems sind Verlegearten und Hausanschlüsse bzw. deren Anschluß an die öffentlichen Kanäle. Insbesondere im innerstädtischen Bereich befindet sich eine Vielzahl von Hausanschlüssen zwischen den Schächten. Nachträglich vorgenommene Anschlüsse an nicht begehbare Kanäle werden oft nicht fachgerecht hergestellt, sind undicht, oder das Anschlußrohr ragt als Abflußhindernis in den Querschnitt des Kanals.

Bauliche und entwässerungstechnische Schwachstellen müssen daher beseitigt und an neue oder zukünftig zu erwartende veränderte Anforderungen angepaßt werden; d. h. alle Bauteile müssen so beschaffen sein, daß die daraus hergestellten Kanäle und Leitungen einwandfrei instandgehalten und mit den hierfür gebräuchlichen Geräten gereinigt werden können (DIN 19559). Hierzu bieten sich neue Planungskonzepte u. a. eine Systemverflechtung und eine Vergrößerung der Straßenkanäle bzw. der Leitungsgang als Lösungen an.

Bei einer idealen Systemverflechtung z. B. münden alle Anschlußkanäle ausschließlich in die Einsteigschächte (Bild 4.9). Durch diese Einbindung sind eine leichtere Wartung und Inspektion, eine einfachere Schadensbehebung sowohl in den Anschlußkanälen als auch im Straßenkanal und letztlich auch jederzeit eine Überprüfung des vom Grundstück eingeleiteten Abwassers möglich.

Eine weitere Möglichkeit, die Instandhaltung von Kanalisationen wesentlich zu erleichtern, besteht in der Vergrößerung des Kanalquerschnitts auf eine begehbare Nennweite. Sie ist in den Sicherheitsregeln für Rohrleitungsarbeiten der Tiefbau-Berufsgenossenschaft mit $\geq$ DN 600 festgelegt. Vorteil der Begehbarkeit eines Kanals ist, den Kanal selbst und die Hausanschlüsse leicht und augenscheinlich untersuchen zu können.

Ein weiterer Vorteil der Querschnittsvergrößerung liegt in der Verbesserung der hydraulischen Anforderungen. Trotz der erheblichen Fortschritte im Bereich der Abwasserreinigung in den letzten Jahren blieb die Verbesserung der Güte der Oberflächengewässer hinter den Erwartungen zurück. Ursache dafür sind vorwiegend Schadstoffe, die bei Regenwetter über die Entlastungsbauwerke

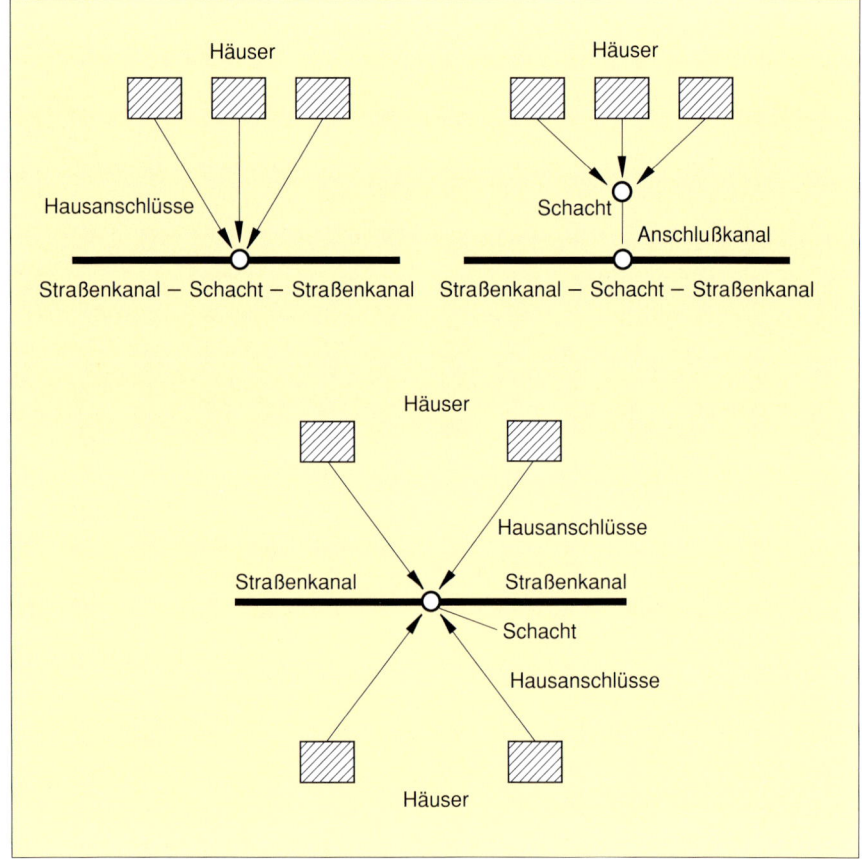

Bild 4.9: Entwässerungstechnisches Planungskonzept: Alle Anschlußkanäle münden in die Einsteigschächte

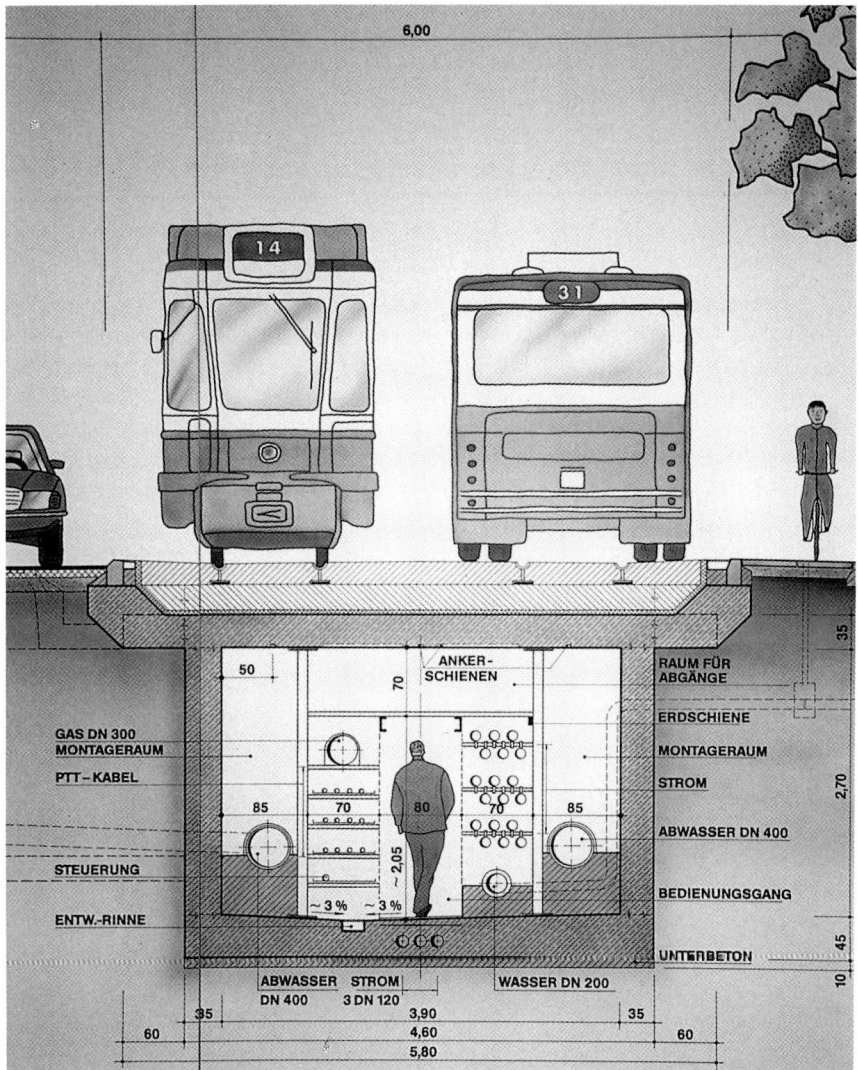

Bild 4.10: Begehbarer Leitungsgang (Beispiel)

der Kanalnetze in die Vorfluter gelangen. Diese Schadstoffe stammen zum überwiegenden Teil aus Kanalablagerungen, die sich während der Trockenzeiten in Mischwassernetzen ansammeln.

Eine technisch und wirtschaftlich sinnvolle Lösung, bei der keine oder weniger teure Regenrückhaltebecken erforderlich sind, ist die Wiedereinführung des Eiprofils im Abwasserkanal. Gegenüber dem üblichen Kreisprofil weist die-

75

ses insbesondere bei geringer Abwasserabflußmenge eine wesentlich höhere Schleppkraft durch größere Wassertiefe auf. Die Vorteile des Eiprofils gegenüber einem Kreisprofil sind verminderte Schmutzimmissionen bei Regenwetter, weil infolge der günstigeren hydraulischen Eigenschaften es zu keinen nennenswerten Schmutzablagerungen kommt. Hinzu kommen verlegungstechnische Vorteile (z. B. Grabenbreite) sowie statische und betriebliche Vorteile (z. B. Kanalreinigung).

Begehbarer Leitungsgang

Leitungssysteme für die Abwasserableitung, für die Wasser- und Energieversorgung und die Kommunikationseinrichtungen der Bundespost werden in der Regel durch Normen nach Lage und Tiefe geregelt unterirdisch im Straßenkörper untergebracht. Ein großer Teil dieser Leitungssysteme genügt nicht mehr den gegenwärtigen Kapazitätsanforderungen oder ist schadhaft. Als Folge sind zukünftig vermehrt Leitungsinstandsetzungen, -sanierungen oder -erneuerungen in innerstädtischen Bereichen zu erwarten.

Neben der Instandhaltungsgerechtigkeit müssen zukunftsorientiert bürgernahe Bauprogramme zunehmend auch umweltschonend sein [74]. Ein optimal geeignetes System ist der begehbare Leitungsgang. Begehbare Leitungsgänge enthalten alle Ver- und Entsorgungsleitungen sowie einen Bedienungsgang zur Gewährleistung von Montage-, Kontroll-, Unterhalts- und Reparaturarbeiten. Gegenüber der derzeitigen Situation hat der begehbare Leitungsgang technische und ökonomische Vorteile. Zum Beispiel wird für alle Leitungen die Forderung nach instandhaltungsgerechtem Bauen realisiert. Schäden werden rechtzeitig erkannt. Durch die zusätzliche Schutzhülle ist eine Umweltgefährdung durch schadhafte Abwasserkanäle ausgeschlossen. Der Bauablauf ist nicht witterungsabhängig. Schäden an Rohrleitungen, verursacht durch Frost, Setzungen, Punkt- und Linienlasten, Unterspülungen und Außenkorrosion, werden vermieden. Das Beispiel eines begehbaren Leitungsgangs aus Beton zeigt das Bild 4.10.

5 Sulfidprobleme und deren Vermeidung

Für die Einleitung von Abwässern in öffentliche Abwasseranlagen besteht die grundsätzliche Forderung, Schadstoffe durch produktions- und abwassertechnische Maßnahmen auf ein Minimum zu begrenzen. Bei Benutzung der Entwässerungsanlagen ist u. a. nach DIN 1986 – Grundstücksentwässerungsanlagen – sicherzustellen, daß

– diese in ihrem Bestand und ihrer bestimmungsgemäßen Funktion nicht beeinträchtigt oder gefährdet werden,

– das in öffentlichen Abwasseranlagen beschäftigte Personal nicht gesundheitlich beeinträchtigt oder gefährdet wird,

– die öffentlichen Abwasseranlagen nicht nachteilig beeinflußt werden,

– keine nachhaltig belästigenden Gerüche auftreten.

Eine Hauptaufgabe der Abwassertechniker ist, Abwasser in frischem, d. h. aerobem Zustand dem Klärprozeß zuzuführen. Geht Abwasser in den angefaulten, d. h. anaeroben Zustand über, können aus einem zunächst völlig harmlosen Abwasser neue Probleme, sog. Sulfidprobleme, entstehen. Dazu gehören die Gefährdung des Wartungspersonals, Geruchs- und Klärprobleme sowie die Korrosion von Bau- und Werkstoffen.

Die umfangreichen Erfahrungen in Ländern mit ausgeprägt warmem Klima, in denen Sulfidprobleme einen hohen Stellenwert besitzen, zeigen, daß der Sulfidentwicklung bereits in der Planungsphase wirksam begegnet werden kann. Auf Grund der in Deutschland vorliegenden Erfahrungen werden diese Überlegungen nur in Einzelfällen anzustellen sein.

5.1 Ursachen der Sulfidprobleme

Grundvoraussetzung für Sulfidprobleme in Abwasseranlagen sind Schwefelverbindungen in organischer und anorganischer Form. Sie werden primär durch bestimmte Industrie- und Gewerbebetriebe direkt eingeleitet. Dadurch können Sulfidkonzentrationen von einigen Hundert bis zu einigen Tausend mg/l in Teilbereichen eines Entwässerungssystems vorhanden sein. Einzelheiten zur Abwassereinleitung enthalten die ATV-Arbeitsblätter A 107, A 115 und A 116 [27, 29, 30]. Wenn sich durch Industrie- und Gewerbebetriebe ungünstige Bedingungen einstellen, ist eine Vorbehandlung des Abwassers erforderlich.

Sulfide können sich innerhalb der Abwasseranlagen entwickeln, da die Schwefelverbindungen z. T. schon hier einem natürlichen Abbau durch eine Vielfalt von Mikroorganismen unterliegen. Unmittelbare Endprodukte sind flüchtige Schwefelverbindungen. Ob Sulfidprobleme auftreten, ist vom Schwefelwasser-

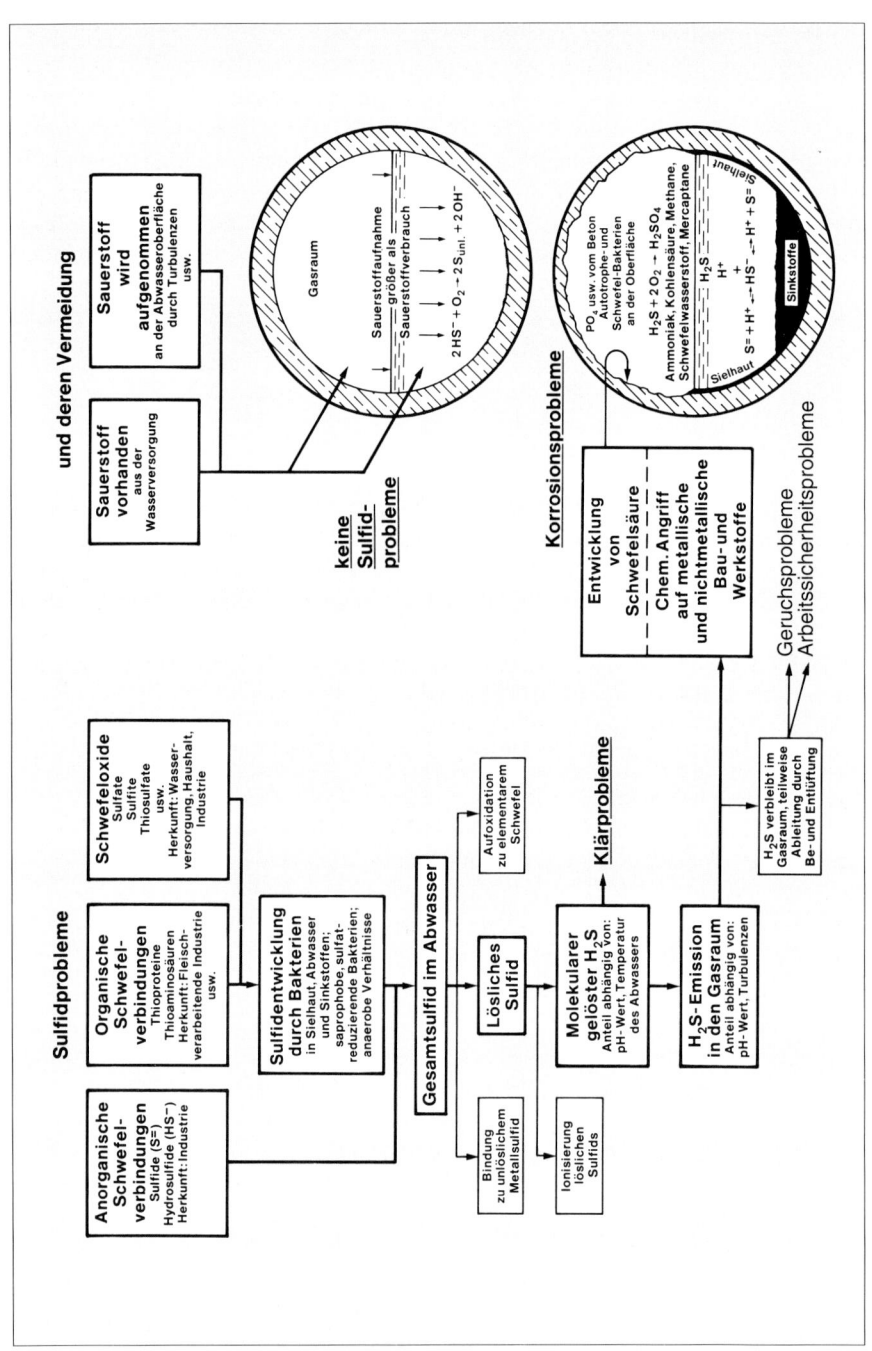

Bild 5.1: Sulfidprobleme und deren Vermeidung [78]

stoffgehalt abhängig, der im Gasraum von Abwasseranlagen quantifizierbar ist. Aus dem Schwefelwasserstoff kann an der Oberfläche der Abwasserbauteile elementarer Schwefel entstehen. Dieser ist ein Substrat für Thiobazillen, die im Gasraum auf feuchten Oberflächen teilgefüllter Abwasseranlagen anzutreffen sind. Die Zusammensetzung der Thiobazillenflora ist veränderlich. Zuerst erscheinen schwache Säuren bildende Bakterien, die den pH-Wert auf etwa pH 6 absenken. Erst dann sind die Lebensbedingungen für Thio thiooxidans gegeben. Durch die Stoffwechselaktivität kann der pH-Wert bis auf pH 1 fallen. Damit ist die Voraussetzung für den schärfsten Säureangriff im Abwasserkanal gegeben. Der gesamte Vorgang, der zu erhöhter Sulfidkonzentration im Abwasser führt, ist in Bild 5.1 dargestellt.

5.2 Sulfidgehalt des Abwassers

Der Sulfidgehalt des Abwassers ist innerhalb einer Ortsentwässerung sehr unterschiedlich, dennoch ist eine gewisse Systematik erkennbar. In einem normalen Kanalnetz ist im allgemeinen genügend Sauerstoff zur Vermeidung einer kritischen Sulfidentwicklung vorhanden. Er ist u. a. von der Temperatur, dem Gefälle und der Anzahl der Abstürze abhängig. Kritische Stellen sind in der Regel Rohrabschnitte, in die sulfidhaltige Abwässer direkt eingeleitet werden. Besonderer Beachtung bedürfen Übergabeschächte am Ende von Druckleitungen. Hohe Sulfidmengen treten vorrangig in Kanälen mit geringer Teilfüllung, geringem Gefälle und langen Abwasser-Aufenthaltszeiten auf. Ein typisches Beispiel für geringe Teilfüllung sind Sammler in einem neu zu erschließenden Gebiet, für die sich erst mit wachsender Besiedlung problemlose Verhältnisse einstellen, sofern die Abwasseranlage sachgerecht geplant wurde.

Mögliche Gesetzmäßigkeiten für den Sulfidgehalt im Abwasser zeigen zwei ausgewählte Beispiele aus Anlagen, bei denen keine Vorkehrungen zur Minimierung der Sulfidentwicklung getroffen worden sind.

Beispiel 1:

Regenereignisse führen in Mischwassersystemen zu erhöhten Abflußmengen und zu einer gründlichen Reinigung. Ablagerungen und Sielhäute werden aus den Rohrleitungen geräumt. Dadurch nimmt der Sulfidgehalt im Abwasser anfänglich zu und danach durch die sehr starke Verdünnung wieder ab. Untersuchungen zeigen, daß ein erheblich verminderter Sulfidgehalt dann längere Zeit vorhanden ist. Dieses hängt mit der Beseitigung der Sielhaut und ihrer langsamen Regeneration sowie dem erhöhten Sauerstoffgehalt im Abwasser zusammen (Bild 5.2). Diese positive Wirkung eines Regenereignisses dauert in der Regel mehrere Tage, zum Teil sogar Wochen an. Sie ist der Grund dafür, daß sachgerecht geplante Mischwassersysteme, insbesondere unter europäischen Verhältnissen, im allgemeinen keine Sulfidprobleme aufweisen.

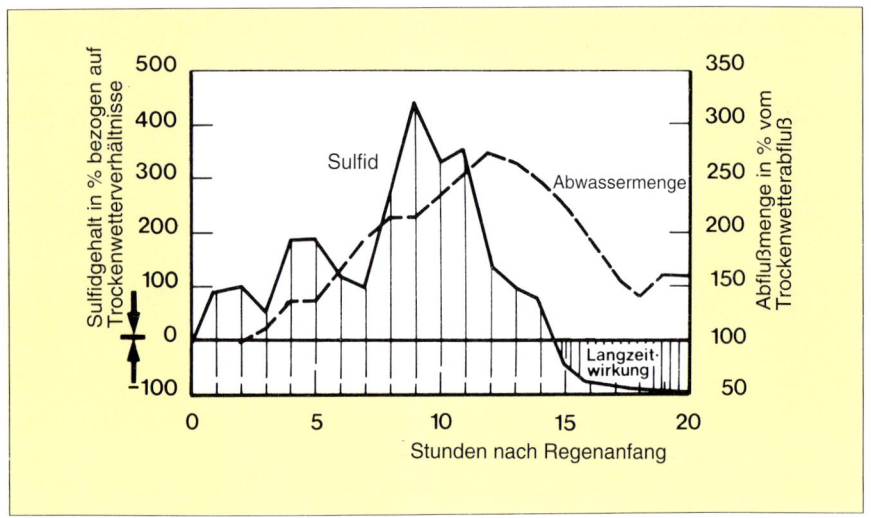

Bild 5.2: Einfluß eines Regenereignisses auf den Sulfidgehalt im Abwasser eines Mischwasserkanals [78]

Beispiel 2:

Abwasseranlagen werden für die längerfristige Entwicklung eines zu entsorgenden Gebietes geplant. Daher sind im frühen Stadium die Abflußmengen und die Abflußgeschwindigkeiten gering, und der Sulfidgehalt des Abwassers kann vergleichsweise hoch ausfallen. Mit zunehmender Bebauung werden in der Regel

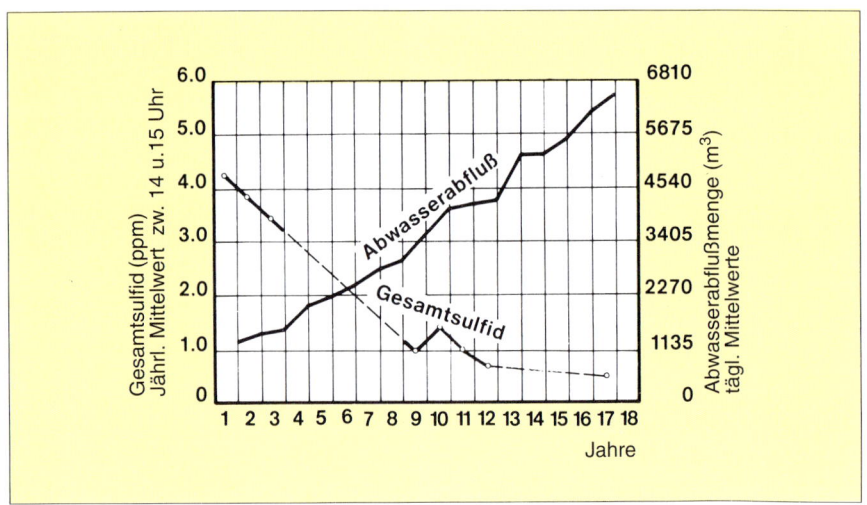

Bild 5.3: Entwicklung von Abwasser-Abflußmenge und Gesamtsulfidgehalt in einem Endsammler aufgrund baulicher Entwicklung [78]

80

die hydraulischen Verhältnisse günstiger, bis letztlich ein problemloser Endzustand erreicht ist. Die Entwicklung der Abflußmenge sowie der entgegengesetzt verlaufende Sulfidgehalt, gemessen in einem Endsammler über einen Zeitraum von 16 Jahren nach Betriebsbeginn, sind in Bild 5.3 dargestellt. Innerhalb von acht Jahren wird der kritische Grenzwert (siehe Abschnitt 5.4.2) von 1,5 mg/l unterschritten.

5.3 Sulfidprobleme

Bei Kanälen im Anfangsbereich einer Haltung mit kleinen Rohrdurchmessern (bis etwa DN 600) treten wegen des im allgemeinen nicht alten Abwassers und wegen günstiger Sauerstoffverhältnisse in der Regel keine Sulfidprobleme auf. Kritischer dagegen können die Verhältnisse in großen Sammel- und Transportleitungen sein, wo unter ungünstigen Bau- und Betriebsbedingungen Sulfide eher möglich sind. Überschreitet das sich in Abwasseranlagen einstellende Sulfidgleichgewicht bestimmte Grenzwerte, treten Sulfidprobleme auf. Dazu gehören Arbeitssicherheitsprobleme für das Wartungspersonal, Schwierigkeiten bei der Abwasserbehandlung, Geruchsbelästigungen und letztlich die Korrosion von Bau- und Werkstoffen.

5.3.1 Arbeitssicherheit

Schwefelwasserstoff ist ein heimtückisches Gas und als solches eine Gefahr für das in Abwasseranlagen arbeitende Personal.

Schwefelwasserstoff wird aus dem Abwasser spontan abgegeben, wenn dieses mit einem frischen, warmen oder sauren Abwasser vermischt wird. Dadurch können plötzlich lebensgefährliche Gaskonzentrationen in der Kanalatmosphäre auftreten. Unfälle zeigen, daß Sicherheitsvorschriften für das Arbeitspersonal, Sicherheitskleidung, Atemschutzgeräte, mobile Belüftungseinrichtungen sowie Aufzüge und Beatmungsgeräte allein nicht ausreichen (Bild 5.4). Auch die gebräuchlichen Geräte für die Schnellmessung des Schwefelwasserstoffgehaltes in der Abwasserluft genügen nicht, da sie nur den augenblicklichen Istzustand und nicht die möglichen schnellen Wechsel ankündigen.

Unbelüftete Sackgassen, Anschlußbereiche an Düker, Übergabeschächte am Ende von Druckleitungen und Stellen mit Abwasserstau sind besondere Gefahrenzonen. Dazu gehören auch Strecken, in denen sulfidhaltiges Industrieabwasser eingeleitet wird, starke Turbulenzen auftreten und sulfidhaltige mit sauren, warmen oder frischen Abwässern zusammenfließen.

Bereiche, die als ständig gefährlich eingestuft sind, sollten grundsätzlich mit einer Zwangsbe- und -entlüftungseinrichtung ausgestattet sein. Gehen Arbeitsgefahren von Industrieabwässern aus, sind Zwischenbehälter vorzusehen, in denen giftige Stoffe neutralisiert oder verdünnt werden können bzw. durch die das Abwasser dosiert abfließen kann.

Bild 5.4: Sulfidproblem:
Arbeitssicherheit

5.3.2 Klärprobleme

Durch ein übermäßiges Wachstum fadenförmiger Mikroorganismen im Belebtschlamm kommt es in Nachklärbecken, wie aus Bild 5.5 ersichtlich, zu Störungen bei der Schlammsedimentation. Die Reinigungsleistung der Kläranlage wird beeinträchtigt, weil einerseits nicht abgesetzter Schlamm in den Vorfluter gelangt und andererseits dem Belebungsbecken zu viel Schlamm entzogen wird. Ein Verfahren, die Fadenbildner aus dem Belebtschlamm schnell und wirksam zu beseitigen, gibt es z. Z. nicht.

5.3.3 Geruchsprobleme

Das Entstehen unangenehm riechender Gase hängt direkt mit dem H_2S-Gehalt der Abwasserluft zusammen. Deshalb wird der Schwefelwasserstoffgehalt als Maß zur Beurteilung der Geruchsintensität verwendet. Abwassergerüche können das Wohlbefinden der Anlieger von Abwasseranlagen empfindlich stören (Bild 5.6). Sie sind dann besonders unangenehm, wenn das Abwasser anaerob ist. Die Maßnahmen zur Konzentrationsminderung haben das Ziel, die Entwicklung von Geruchsstoffen im Abwasser und deren Emission in die Atmosphäre zu verhindern bzw. möglichst klein zu halten. Damit Geruchsprobleme im Bereich von Kläranlagen nicht auftreten, sind geschlossene Behälter zur Erfassung und Reinigung der Abluft erforderlich. Das Reinigen der Abwasserluft kann durch Aktivkohlefilter oder durch Auswaschen mit Kalkmilch erfol-

Bild 5.5: Sulfidproblem: Blähschlamm in der Nachklärung

Bild 5.6: Sulfidproblem: Geruchsbelästigung, Abdichtung des Kanaldeckels

gen. Das einfachste Verfahren zur Konzentrationsminderung ist eine ausreichende Zufuhr von Frischluft.

5.3.4 Korrosion von Bau- und Werkstoffen

Bereits vor 1900 war bekannt, daß Bau- und Werkstoffe im Bereich sulfidhaltiger Abwässer geschädigt werden können, Zerstörungen auf einen Schwefelsäureangriff zurückzuführen sind und die Schwefelsäure durch Umwandlung von Sulfiden der Abwasserluft gebildet wird.

In Abwasseranlagen werden metallische Bau- und Werkstoffe wie Stahl, Gußeisen, Zink, Kupfer, Nickel, Chrom und Aluminium verwendet. Schwefelwasserstoff reagiert direkt mit vielen dieser Metalle. Bei Vorhandensein von Schwefelsäure ist in der Regel eine starke bis sehr starke Korrosion zu erwarten. Deshalb ist die Verwendung elektrochemisch passiver Werkstoffe, wie Chrom- und Chrom-Nickel-Stähle erforderlich, die mit dem Angriffsmittel Schwefelwasserstoff oder Schwefelsäure nicht reagieren.

Beton wird durch starke Säuren generell angegriffen. Der Korrosionsgrad ist jedoch je nach Art der mineralischen Säure verschieden und von den vorliegenden Randbedingungen bzw. den Baustoffeigenschaften abhängig. Die Definition der Angriffsgrade der DIN 4030 ist sehr allgemein und gilt nicht uneingeschränkt für die Schwefelsäure. Sie nimmt unter den anorganischen Säuren

Bild 5.7: Erscheinungsbild einer biogenen Schwefelsäurekorrosion [50]

84

eine Sonderstellung ein. So ist z. B. der Angriff bei den pH-Werten 5 und 3 relativ schwach und bei pH 1 dagegen beachtlich. Bei Verwendung kalksteinhaltiger Zuschläge ist die Korrosionsrate etwa viermal geringer als bei Verwendung von quarzitischem Material. Das Erscheinungsbild einer Schwefelsäurekorrosion zeigt das Bild 5.7. Bei einem relativ schwachen Säureangriff mit einem pH-Wert von 3 entsteht hinter der Angriffszone der Säure Sulfattreiben. Aus diesem Grund ist bei einem Schwefelsäureangriff die Verwendung eines Zementes mit hohem Sulfatwiderstand (HS-Zement nach DIN 1164) vorzuziehen [7]. In Bild 5.8 ist zusammenfassend der für den biogenen Schwefelsäureangriff gültige Zusammenhang zwischen dem pH-Wert der Säurelösung, der Zellzahl der Mikroorganismen und dem zu erwartenden Korrosionsgrad dargestellt. Oberhalb pH 3 reichen betontechnologische Maßnahmen aus. Unter pH 3 kann Beton auf Dauer einem Schwefelsäureangriff nicht widerstehen, so daß ein Oberflächenschutz erforderlich ist (siehe Abschnitt 6.2.1).

pH-Wert im Kondenswasser-tropfen an der Kanalwandung	Zell-zahlen	Angriffs-grad der Korrosion	Abtrag der Betonober-fläche pro Jahr	Sanierungs-maßnahmen erforderlich nach Jahren	Korrosionsschutz-maßnahmen
13 12 11 10 9 8 7 6					Dichter Beton,keine besonderen Maß-nahmen erforderlich
	$0 - 10^2$	schwach	absandend	> 80	
5 4 3	10^3-10^5	mittel	< 0,5 mm	> 40	HS-Zement,Hartkalk-stein,Opferbeton
2 1 0	10^6-10^8	stark	> 0,5 mm	> 5	Schutz des Betons durch Auskleidungen

Bild 5.8: Zusammenhang zwischen pH-Wert, Zellzahlen, Korrosionsgrad und Gegenmaßnahmen [50]

5.4   Vermeidung von Sulfidproblemen

5.4.1 Planungsgrundlage: Gesetz und Regelwerk

Im Bauwesen wird die Baufreiheit durch Gesetze, Verordnungen, Erlasse und technische Regelwerke eingeschränkt. Für den Bau, den Betrieb und die Unterhaltung von Abwasseranlagen heißt es in den Wassergesetzen der Länder z. B.: „Abwasseranlagen sind unter Berücksichtigung der Benutzungsbedingungen und Auflagen für das Einleiten von Abwasser nach den allgemein anerkannten Regeln der Technik zu errichten und zu betreiben." Und es heißt ferner: „Eine Erlaubnis für das Einleiten von Abwasser darf nur erteilt werden, wenn Menge und Schädlichkeit des Abwassers so gering gehalten werden können, wie dies *bei Anwendung der jeweils in Betracht kommenden Verfahren nach den allgemein anerkannten Regeln der Technik möglich ist. "*

Die allgemein anerkannten Regeln der Technik werden durch technisch-wissenschaftliche Vereinigungen nach einem formalisierten Verfahren, bei dem die betroffenen Fachkreise eingebunden sind, aufgestellt. Auf der Abwasserseite ist das die Abwassertechnische Vereinigung (ATV). Damit sind die Grenzen des freien Handelns vorgegeben, zumal durch die Wassergesetze ausdrücklich bestätigt wird, daß die abwasserbeseitigungspflichtigen Gemeinden durch Satzung bestimmen können, daß das Abwasser nur in bestimmter Zusammensetzung, insbesondere frei von bestimmten Stoffen und erst nach Vorbehandlung in eine öffentliche Abwasseranlage eingeleitet werden darf.

Die Aufstellung von Einleitungsbedingungen findet in der Regel in Anlehnung an das ATV-Arbeitsblatt A 115 statt. Darin besagt Abschnitt 3.1: *„Das Einleiten von Abwasser ist nur unbedenklich, wenn dadurch das in öffentlichen Abwasseranlagen beschäftigte Personal nicht gesundheitlich beeinträchtigt wird, an den Abwasseranlagen keine nachhaltig belästigenden Gerüche auftreten und das Gewässer, das die Abwässer aus der öffentlichen Abwasseranlage aufnimmt, nicht über das zulässige Maß hinaus verunreinigt oder sonst nachteilig verändert wird. "* Und in Abschnitt 7 von A 115 heißt es: *„Stoffe, die die Kanalisation verstopfen, die giftige, übelriechende oder explosive Dämpfe oder Gase bilden sowie Bau- und Werkstoffe in stärkerem Maße angreifen, dürfen grundsätzlich nicht in eine öffentliche Abwasseranlage eingeleitet werden. – Hierzu gehört insbesondere der Schwefelwasserstoff. "* Das A 115 macht detaillierte Angaben über Eigenschaften und Inhaltsstoffe von speziellen Industrie- und Gewerbeabwässern, aufgegliedert nach einzelnen Industriegruppen und Industriezweigen.

5.4.2 Ermittlung zu erwartender Sulfidbedingungen

Beim Entwurf von Freispiegelleitungen ist neben der hydraulischen Berechnung immer eine Untersuchung zu erwartender Sulfidverhältnisse sinnvoll. Für die spezifische Entwurfsarbeit von Abwasseranlagen zur Vermeidung von Sulfidproblemen gibt es verschiedene Überschlagsverfahren, mit deren Hilfe zunächst die zu erwartenden Sulfidbedingungen abgeschätzt werden können. Und es gibt für den Fall, daß bestimmte Kennwerte überschritten werden, Rechenverfahren zur Ermittlung des genauen Sulfidgehaltes im Abwasser an verschiedenen Stellen des Systems. Darüber hinaus gibt es eine Fülle von Regeln für den Bau und den Betrieb von Abwasseranlagen zur Minimierung der Sulfidentwicklung.

Graphisches Überschlagsverfahren

Die Sulfidentwicklung und die sich daraus ergebenden Sulfidprobleme hängen davon ab, wieviel Sielhaut vorhanden ist. Wie die Erfahrung zeigt, stellen sich

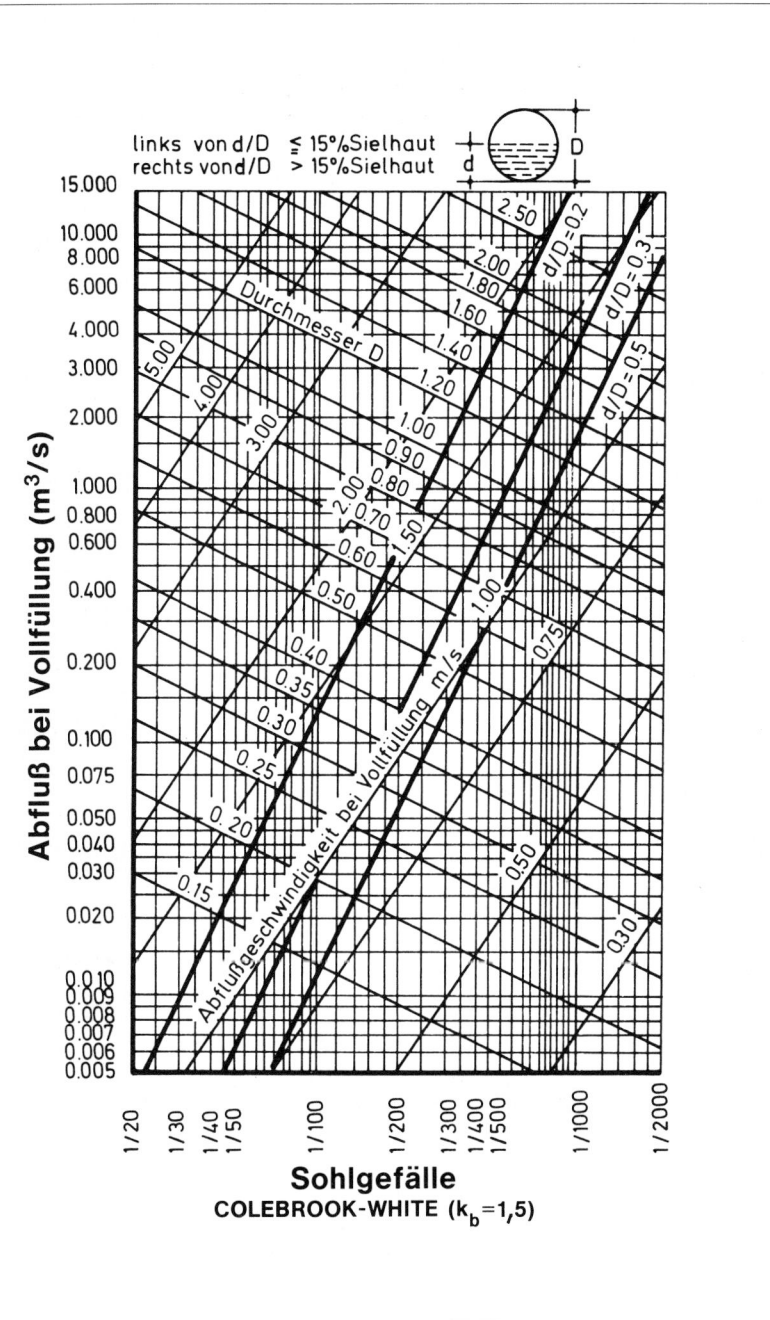

Bild 5.9: Entwurfsdiagramm A [78]

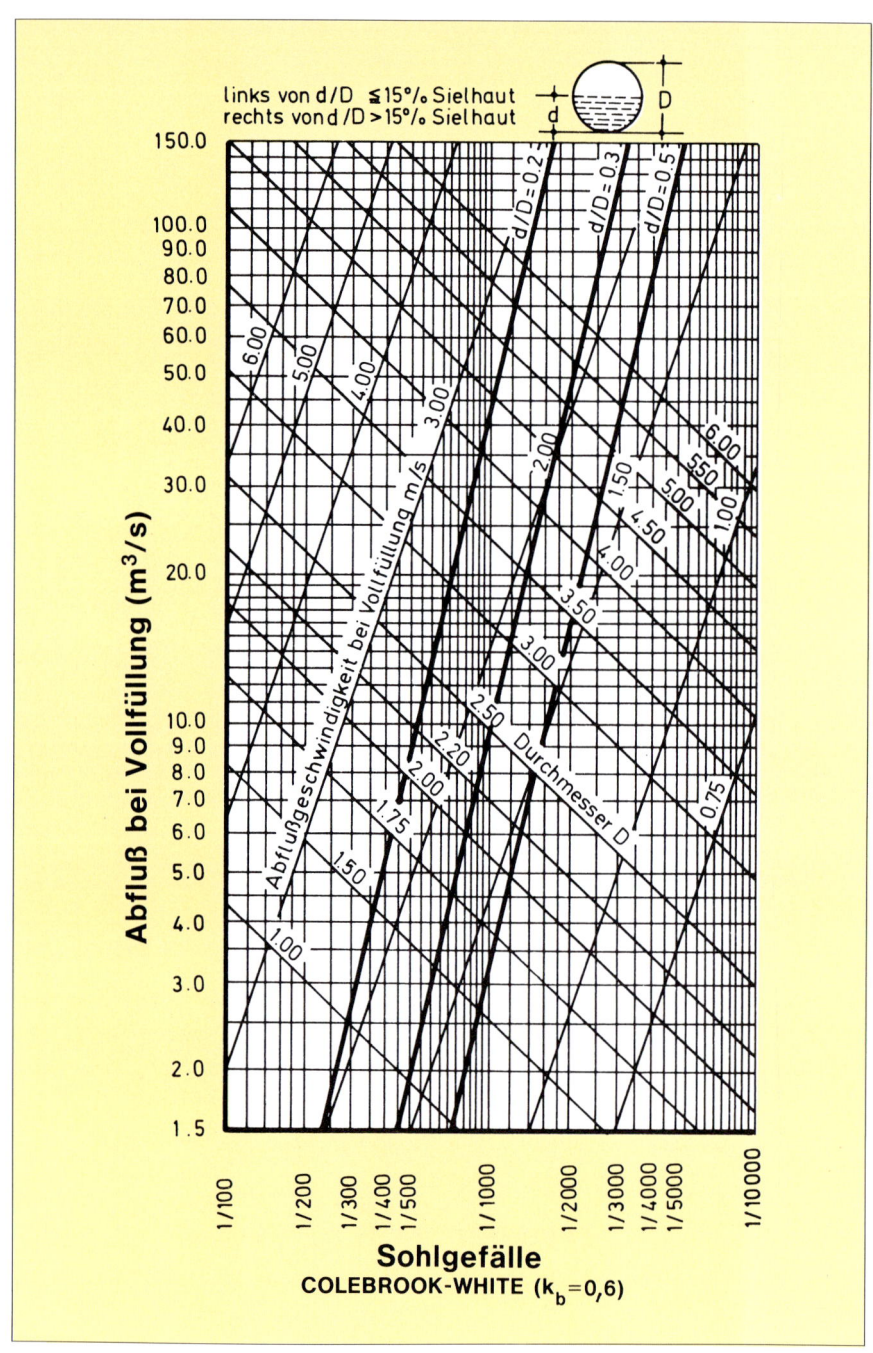

Bild 5.10: Entwurfsdiagramm B [78]

bei einer Begrenzung des Sielhautanteils auf maximal 15% der benetzten Oberfläche in der Praxis keine Sulfidprobleme ein. Auf dieser Grundlage können schon beim Entwurf kritische hydraulische Verhältnisse mit Hilfe der Entwurfsdiagramme A und B, siehe Bilder 5.9 und 5.10, ausgeschaltet werden. Als Parameter sind die Abflußgeschwindigkeiten, die Rohrdurchmesser (D) sowie die Grenzlinien für den Sielhautanteil von 15% für die Abflußtiefen $d/D = 0,2$, 0,3 und 0,5 eingetragen. Man geht mit dem Abfluß bei Vollfüllung in das entsprechende Entwurfsdiagramm bis zu der Linie für das Verhältnis d/D des zu untersuchenden Teilabflusses. Jede mögliche Kombination von Rohrdurchmesser (D) und Sohlgefälle (I_s) links der Linie d/D gewährleistet, daß der Sielhautanteil von 15% nicht überschritten wird und auch keine Ablagerungen zu erwarten sind.

Berechnung des Sulfidgehaltes in Freispiegelleitungen

Ergänzend zur hydraulischen Rohrleitungsberechnung kann der Sulfidgehalt des Abwassers für einzelne Freispiegelleitungsabschnitte z. B. mit Hilfe von Arbeitsblättern ermittelt werden [78] [62]. Das Schema dieser Berechnung zeigt Bild 5.11. Als Eingangsgrößen werden in der Abwassertechnik übliche Kennwerte, wie der BSB_5, der Sulfatgehalt und die Abwassertemperatur verwendet. Als Grenzwert der mittleren Sulfidkonzentration dürfen 1,5 mg/l nicht überschritten werden, und zwar innerhalb der sechs Stunden eines Tages mit dem maximalen Abfluß und unter Ansatz der höchsten Abwassertemperatur. Wird der kritische Grenzwert von 1,5 mg/l überschritten, ist mit anderen hydraulischen Randbedingungen neu zu rechnen. Wird der Grenzwert unterschritten, sind Gefälle und Durchmesser der Leitung richtig gewählt. Sind weniger als

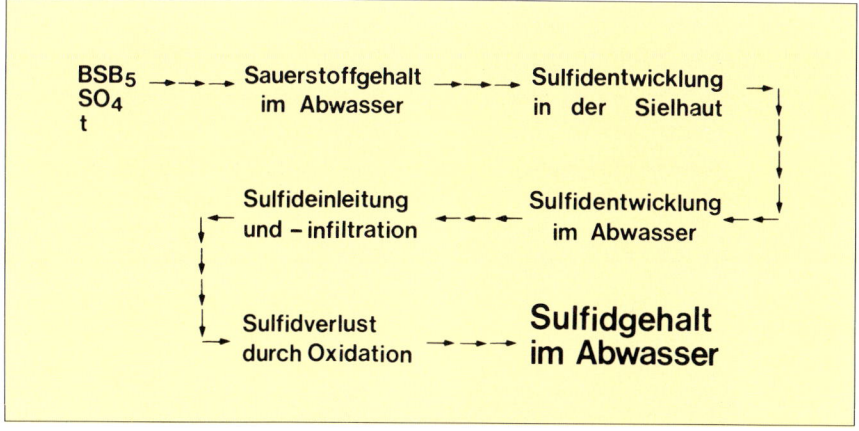

Bild 5.11: Schema zur Berechnung des Sulfidgehaltes im Abwasser [78]

1,5 mg/l nicht erreichbar, müssen Maßnahmen zur Erhöhung des Sauerstoffgehaltes im Abwasser angestrebt werden.

Berechnung des Sulfidgehaltes in Druckleitungen

Grundlage für die rechnerische Erfassung der Sulfidentwicklung in Druckleitungen sind umfangreiche internationale Ringuntersuchungen. Der Sulfidgehalt des Abwassers am Ende von Druckleitungen errechnet sich mit nachstehenden empirischen Gleichungen.

Der bei kontinuierlichem Pumpbetrieb am Ende einer Druckleitung zu erwartende Sulfidgehalt errechnet sich wie folgt:

$$G_S = 0,573 \cdot 10^{-6} \cdot 1/D \cdot (BSB_5)^{0,8} \cdot (SO_4)^{0,4} \cdot 1,139^{(t-20)} \ [mg/l]$$

Der bei diskontinuierlichem Pumpbetrieb am Ende einer Druckleitung zu erwartende Sulfidgehalt errechnet sich wie folgt:

$$(G_S)_{i.\,M.} = 0,406 \cdot 10^{-6} \cdot 1/D \cdot \frac{5,07^{\overline{v}}}{3,281\,\overline{v}} \cdot (BSB_5)^{0,8} \cdot (SO_4)^{0,4}$$
$$\cdot 1,139^{(t-20)} \ [mg/l]$$

In den obigen Gleichungen bedeuten:

G_S – Sulfidgehalt des Abwassers bei kontinuierlichem Pumpbetrieb am Ende einer runden Druckleitung mit dem Durchmesser D [m] und der Länge 1 [m] in [mg/l]

$(G_S)_{i.\,M.}$ – Sulfidgehalt des Abwassers bei diskontinuierlichem Pumpbetrieb am Ende einer runden Druckleitung mit dem Durchmesser D [m] und der Länge 1 [m] bei einer mittleren Abwassergeschwindigkeit $\overline{v}$ [m/s] in [mg/l]

BSB_5 – Biochemischer Sauerstoffbedarf [mg O_2/l]

SO_4 – Sulfatgehalt [mg SO_4/l]

t – Abwassertemperatur [°C]

v – Abflußgeschwindigkeit des Abwassers bei kontinuierlichem Pumpbetrieb [m/s]

$\overline{v}$ – mittlere Abflußgeschwindigkeit des Abwassers bei diskontinuierlichem Pumpbetrieb [m/s]

$$\overline{v} = \frac{Q \cdot t_p}{t_c \cdot A}$$

Darin bedeuten:

Q – Pumpenleistung [m³/s]

t_p – Pumpzeit je Zeiteinheit t_c

A – Abflußquerschnitt [m²]

Werte des Ausdrucks $5{,}07^{\bar{v}}/3{,}281\,\bar{v}$ für verschiedene Abflußgeschwindigkeiten können aus Bild 5.12 entnommen werden.

Bei der Planung von Druckleitungen ist ein möglicher Sielhautabrieb, bedingt durch den Abwasserfließvorgang, anzustreben. Wenn die Wandschubspannung etwa $3{,}9\,N/m^2$ beträgt, wird die Sielhaut abgetragen und damit die Sulfidentwicklung praktisch unterbunden. Voraussetzung ist, daß stromaufwärts kein Sulfid vorhanden ist.

In der Planungsphase sind bei Druckleitungen die Bedingungen der ersten Betriebsjahre und die des Endzustands eines zu entsorgenden Gebietes zu untersuchen. Folgende Arbeitsweise ist zweckmäßig:

– Als Planungsgrundlage sind die zu fördernden Abwassermengen, die BSB_5-Werte, die Sulfatgehalte und die Temperaturen des Abwassers mit ihren tageszeitlichen Veränderungen zu ermitteln. Besondere Beachtung erfordern z. B. Industrieabwässer.

– Die Lage von Pumpwerk und Übergangsbauwerk wird festgelegt. Die Druckleitung soll möglichst stetig ansteigend verlegt werden und so kurz wie möglich sein.

– Die Anzahl und die Leistung der Pumpen und der Notaggregate werden entsprechend den Fördermengen festgelegt. Dadurch ergibt sich auch die Anzahl der notwendigen Druckleitungen.

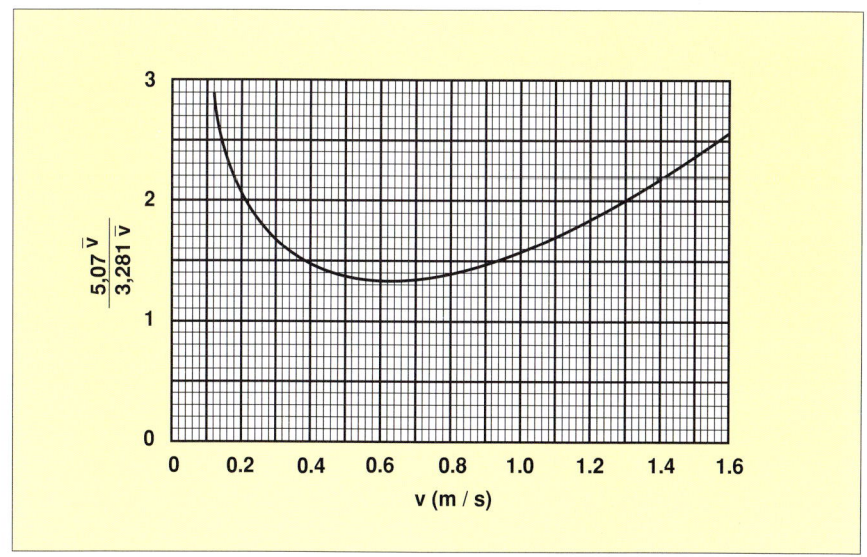

Bild 5.12: Werte von $5{,}07^{\bar{v}}/3{,}281\,\bar{v}$ [78]

– Mit dem Ziel, die Sielhautentwicklung zu verhindern, werden die erforderlichen Mindestabflußmengen der Druckleitungen mit nachstehender Gleichung berechnet:

$$Q = \pi \cdot \frac{D^2}{4} \cdot K_{ST} \cdot \left(\frac{D}{4}\right)^{2/3} \cdot \left(\frac{0{,}0016}{D}\right)^{1/2} = 1{,}25 \cdot 10^{-2} \cdot K_{ST} \cdot D^{2{,}167} \quad [m^3/s]$$

Darin bedeuten:

Q = Minimale Abflußmenge, um Sielhautwachstum zu verhindern [m^3/s]

D = Durchmesser der Rohrleitung [m]

K_{ST} = Geschwindigkeitsbeiwert nach Strickler [m$^{1/3}$/s]

– Die Sulfidentwicklung wird unter den ungünstigsten Bedingungen mit Hilfe der vorstehenden Gleichungen errechnet. Ergibt sich ein kritischer Sulfidgehalt, dann wird die Aufenthaltszeit so weit wie praktisch möglich durch die Wahl kleinerer Rohrdurchmesser verkürzt. Wenn sich dennoch rechnerisch kritische Sulfidmengen ergeben, dann ist eine Verkürzung der Druckleitungen anzustreben.

– Der mittlere Sulfidgehalt des in das Pumpwerk einlaufenden Abwassers wird untersucht. Dazu wird der während des Durchflusses durch die Druckleitung sich entwickelnde rechnerisch ermittelte Sulfidgehalt addiert. Es ergibt sich der am Ende der Druckleitung zu erwartende Sulfidgehalt im Abwasser. Der Grenzwert von 1,5 mg/l darf nicht überschritten werden.

5.4.3 Bautechnische Planung zur Vermeidung einer kritischen Sulfidentwicklung

Bauteile in Freispiegelleitungen

Der gesamte biologische, physikalische und chemische Vorgang der Bildung von Sulfiden, der Übergang von Schwefelwasserstoff aus dem Abwasser zur Bauteiloberfläche sowie die Entwicklung von Schwefelsäure und die zu erwartenden Sulfidprobleme erfordern zwei verschiedene Aufgabenstellungen, und zwar

– einen in alle Einzelheiten gehenden Entwurf neuer Abwasseranlagen bzw.

– die Veränderung vorhandener Bedingungen in bestehenden Abwasseranlagen.

Bei den sich anschließenden Wirtschaftlichkeitsüberlegungen sind neben den Herstellkosten die Aufwendungen für einen einwandfreien Betrieb und die Instandhaltung verschiedener Alternativentwürfe zu ermitteln.

Bereits beim Entwurf ist bei der Gestaltung der Baukörper zu berücksichtigen, daß die angreifbaren Flächen möglichst klein gehalten werden. Feingliedrige Bauteile, Grate und nicht geschlossene Oberflächen sind zu vermeiden. Kanten, Ecken und Kehlen sollten ab- bzw. ausgerundet sein. Waagerechte Bauwerks- und Auftrittsflächen sind zu vermeiden und zur Wasserabführung mit einer Neigung von 1:5 anzulegen.

Kurven, Verbindungs- und Absturzbauwerke in Abwasseranlagen erfordern besondere Aufmerksamkeit, da hier durch Richtungs-, Gefälle- und Profilwechsel häufig andere hydraulische Bedingungen, aber auch Veränderungen in der Abwasserzusammensetzung möglich sind. Abwasser, das frisch in Abwasseranlagen eingeleitet wird, soll so lange wie möglich im aeroben Zustand gehalten werden. Dazu dienen z. B. alle Maßnahmen, durch die Turbulenzen hervorgerufen werden. Im Gegensatz dazu müssen bei anaerobem Abwasser Turbulenzen vermieden werden, da gleichzeitig mit der Sauerstoffaufnahme eine Sulfidemission verbunden ist.

Im Anfangsbereich eines Kanalnetzes sind Abwässer im allgemeinen frisch, so daß strömungstechnisch ausgefeilte Entwürfe nicht zwingend erforderlich sind. Dennoch sollte das Sohlgerinne innerhalb der Schächte eine zügige Gerinneführung und ein gleichmäßiges schwaches Gefälle aufweisen. Vorsprünge in den Abwasserstrom, scharfe Krümmungsradien sowie starke Profilwechsel in der Sohle sind zu vermeiden. Feststoffablagerungen müssen auch unter erschwerten Verhältnissen, wie sie z. B. in relativ ebenen Gebieten vorliegen, grundsätzlich vermieden werden. Zur Wahrung günstiger Luftstromverhältnisse sind Hindernisse zu vermeiden und die Rohrscheitel in gleicher Höhe anzuordnen (Bild 5.13). Profilwechsel sind entweder im Sohlgerinne auszugleichen, oder es ist ein kleiner Absturz am einmündenden Kanal einzubauen.

Im Bereich sulfidhaltiger Abwässer sind Turbulenzen zu minimieren. Da bei der Planung in der Regel nicht alle denkbaren Abflußverhältnisse berücksichtigt werden können, muß der beste Kompromiß gesucht werden. Dabei gelten folgende Grundregeln:

– Turbulenzen während des Mischwasserabflusses sind unbedeutend.

– Schmutzwasser ist organisch stark belastet, gelegentlich sogar anaerob. Hier sind Turbulenzen insbesondere in den Zeiten mit höchstem Schmutzwasserabfluß zu minimieren.

– Turbulenzen sind insbesondere in den ersten Entwicklungsjahren eines zu entsorgenden Gebietes zu vermeiden.

Untersturzbauwerke sind bei Nennweiten des ankommenden Kanals bis zu DN 400, *Absturzbauwerke* bei größeren Nennweiten zweckmäßig. Abstürze sollten immer dort vorgesehen werden, wo eine Verbesserung des Sauerstoffgehaltes im Abwasser sinnvoll ist. Sie sind zu vermeiden, wenn der Sauerstoffgehalt gering oder wenn bereits anaerobes Abwasser vorhanden ist. Untersuchungen zeigen, daß bei gleichem Höhenunterschied in Strecken mit geringem Gefälle und Abstürzen eine etwa fünfzigmal bessere Sauerstoffaufnahme des Abwassers erfolgt.

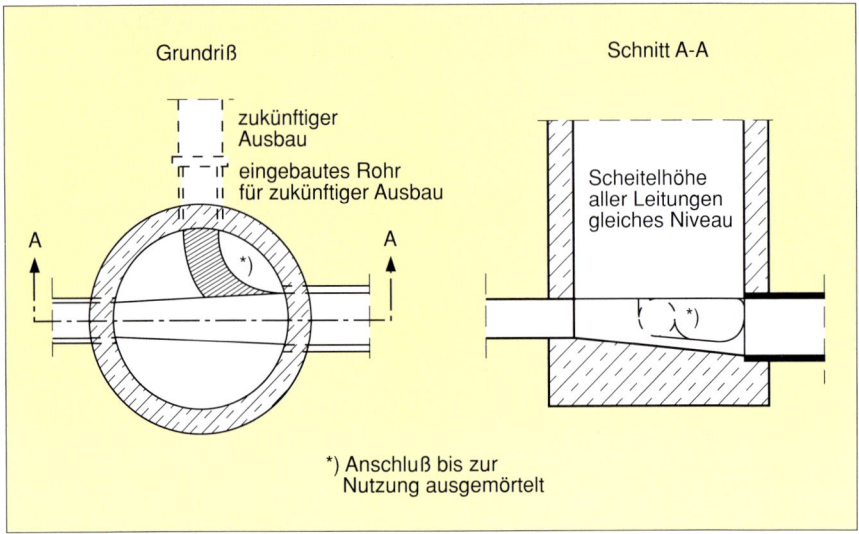

Bild 5.13: Verbindungsbauwerk im Bereich aeroben Wassers [78]

Wenn Sulfidprobleme bei Untersturzbauwerken auftreten, ist eine Zwangsbe-
und -entlüftung erforderlich (Bild 5.14). Diese muß so ausgelegt sein, daß ein
ständig wirkender Luftstrom das während des Absturzes frei werdende Sulfid

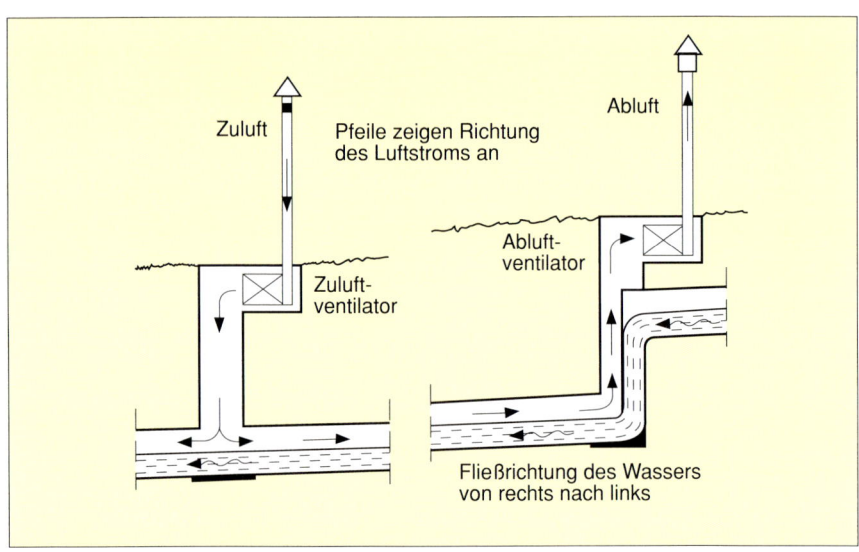

Bild 5.14: Be- und Entlüftung eines Untersturzbauwerkes [78]

94

sicher ableitet. Die Bilder 5.15 und 5.16 zeigen Entwürfe von Untersturzbauwerken für verschiedene Absturzhöhen, die eine Minimierung der Sulfidemission bewirken.

Bei großer Absturzhöhe ist eine widerstandsfähige Pralltrasse bzw. ein Wasserpolster erforderlich. Der Abwasserstrom soll stromabwärts gerichtet sein und unter dem niedrigsten Wasserspiegel des Hauptkanals in diesen eingeleitet werden. Die Energie des abstürzenden Wassers muß durch Reibung bzw. Verwirbelung des Abwassers abgebaut werden. Dieses läßt sich z. B. durch einen Spiralfluß des Abwassers erreichen, der durch eine konzentrisch angeordnete, spiralförmig ausgebildete Absturzkammer erzeugt wird. Ist eine hohe Sulfidemission zu erwarten, sind Absturzkammer, Fallrohr und anschließende Abwasserleitung besonders zu entlüften.

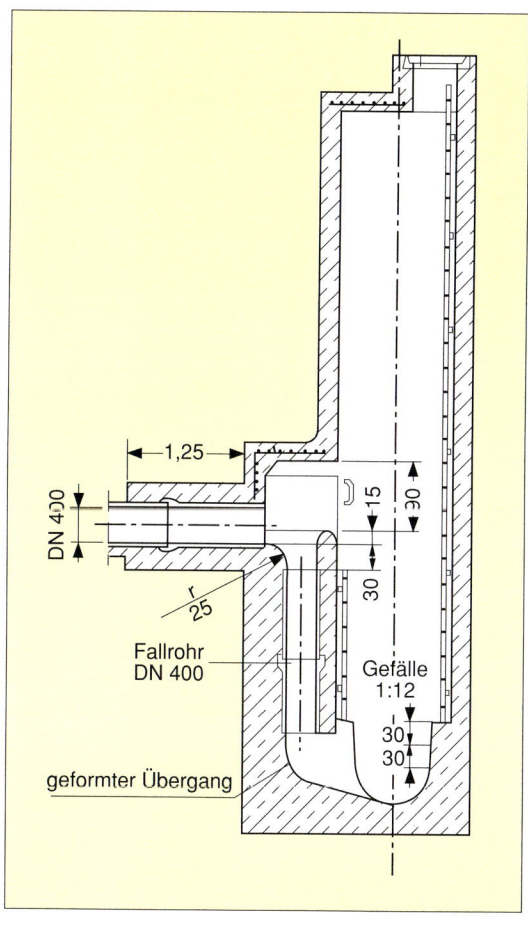

Bild 5.15: Untersturzbauwerk
mit geringer Absturzhöhe [78]

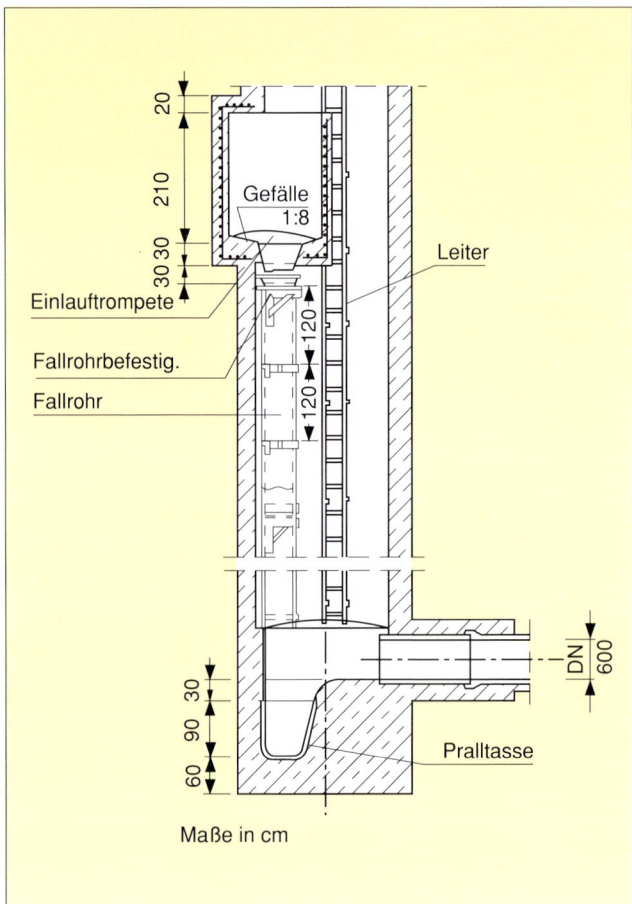

Bild 5.16: Absturz-
bauwerk mit großer
Absturzhöhe und Ein-
lauftrompete (Wirbel-
absturz) [78]

Pumpstationen – Druckleitungen

Wie die Erfahrung zeigt, gehen Sulfidprobleme unter mitteleuropäischen Verhältnissen in der Regel von Pumpwerken bzw. ihren Druckleitungen aus. Sie
treten dann in den stromabwärts liegenden Bauteilen auf. Ankommender
Kanal, Pumpwerk und Druckleitung müssen deshalb als Einheit behandelt werden. Ein Rückstau im ankommenden Kanal ist zu vermeiden. Er verringert
stromaufwärts die Fließgeschwindigkeit, vermehrt Ablagerungen und sorgt
für einen starken Sauerstoffverbrauch. Einzige Ausnahme sind Mischwassersysteme, bei denen ein Rückstau während der Regenereignisse zulässig ist.

Die Sulfidentwicklung im Auffangbehälter der Pumpstation ist im allgemeinen
wegen der turbulenten Bedingungen und wegen einer unterentwickelten Sielhaut gering. Der Sauerstoffgehalt im einfließenden Abwasser muß innerhalb

des Sammelbehälters so weit wie möglich konstant gehalten werden. Sulfidfreies Abwasser sollte deshalb in den Behälter abstürzen, um so für einen zusätzlichen Sauerstoffeintrag zu sorgen. Enthält das zufließende Abwasser aber bereits Sulfide, sollte es unter dem Ausschaltpegel der Pumpen in den Behälter einmünden, damit Turbulenzen, die für einen Sauerstoffeintrag verbunden mit einer Sulfidemission sorgen, minimiert werden (Bild 5.17). Der Pumpensumpf ist so auszubilden, daß einerseits eine große Wasseroberfläche zur Sauerstoffaufnahme vorhanden ist und andererseits die Wandbereiche mit ständig untergetauchter Sielhaut minimiert sind. Durch selbstreinigendes Gefälle und eine ständige Bewegung des Abwassers lassen sich Feststoffablagerungen verhindern. Günstig sind Pumpstationen mit zwei Sammelbehältern, da sich dann der Pumpbetrieb besser den schwankenden Abwasserstromstärken anpassen läßt. Zur Abwasserfrischhaltung kann auch Luft grobblasig in den Sumpf eingetragen werden. Zur Wahrung sicherer Arbeitsbedingungen müssen Sammelbehälter so be- und entlüftet sein, daß mindestens ein fünffacher Luftaustausch in der Stunde gewährleistet ist. Pumpenleistung, Länge, Steigung, Durchmesser und Förderhöhe der Druckleitung sind so zu bemessen, daß am Übergangsbauwerk am Ende der Leitung keine kritischen Sulfidgehalte auftreten.

Zur Vermeidung kritischer Sulfidentwicklungen in *Druckleitungen* ist die Aufenthaltszeit des Abwassers durch planerische und betriebliche Maßnahmen so kurz wie möglich zu halten. Um schon in der Entwurfsphase bei Druckleitungen zu erwartende Sulfidgehalte voraussagen zu können, gibt es verschiedene rechnerische Ansätze (siehe Abschnitt 5.4.2). Schmutzwasserdruckleitungen sind so zu bemessen, daß auch bei minimaler Abwasserabflußmenge, z. B. in

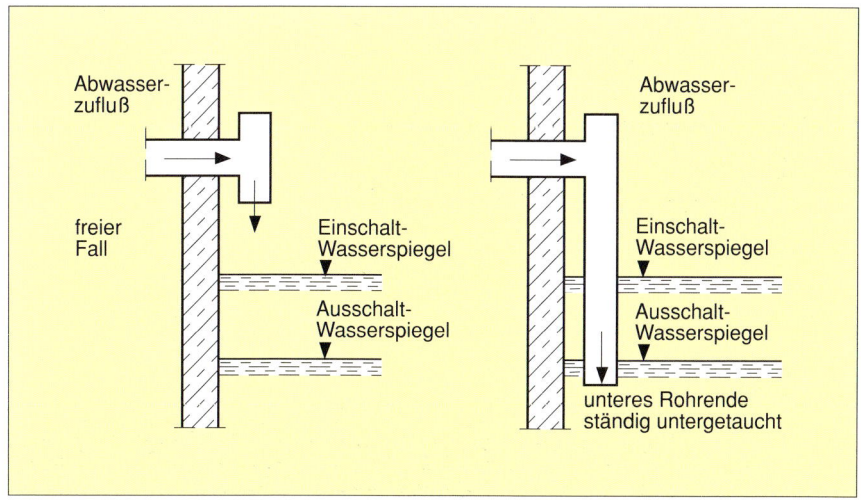

Bild 5.17: Abwasserzuläufe in Sammelbehältern [78]

der Nacht, die Aufenthaltszeit nicht mehr als zwei Stunden beträgt. Druckleitungen sollen stetig ansteigen und so kurz wie möglich sein. Anzahl und Leistung der Pumpen und Notaggregate sowie die Anzahl der Druckleitungen sind so festzulegen, daß die Sielhautentwicklung an der Rohrwand durch hohe Fließgeschwindigkeiten klein gehalten wird. Mehrere Leitungen oder gegebenenfalls kleinere Durchmesser wirken sich deshalb günstig aus. Bei sehr langen Standzeiten des Abwassers sollten Leitungen leerlaufen oder z. B. mit Leitungswasser gespült werden können. Druckleitungen, die sich der Topografie anpassen, benötigen an den Hoch- und Tiefpunkten Be- und Entlüftungsventile, aber auch Entleerungsarmaturen. Letztlich ist auch noch zu untersuchen, ob das Abwasser während der Aufenthaltszeit in der Druckleitung durch Druckluft bzw. durch die Dosierung von Reinsauerstoff und Wasserstoffperoxid aerob gehalten oder ob die Druckleitung mit Hilfe von Druckluft freigespült werden kann. Die Korrosion im Scheitel der Druckleitung kann vermieden werden, wenn der Abflußquerschnitt bis zum Ende gefüllt gehalten wird.

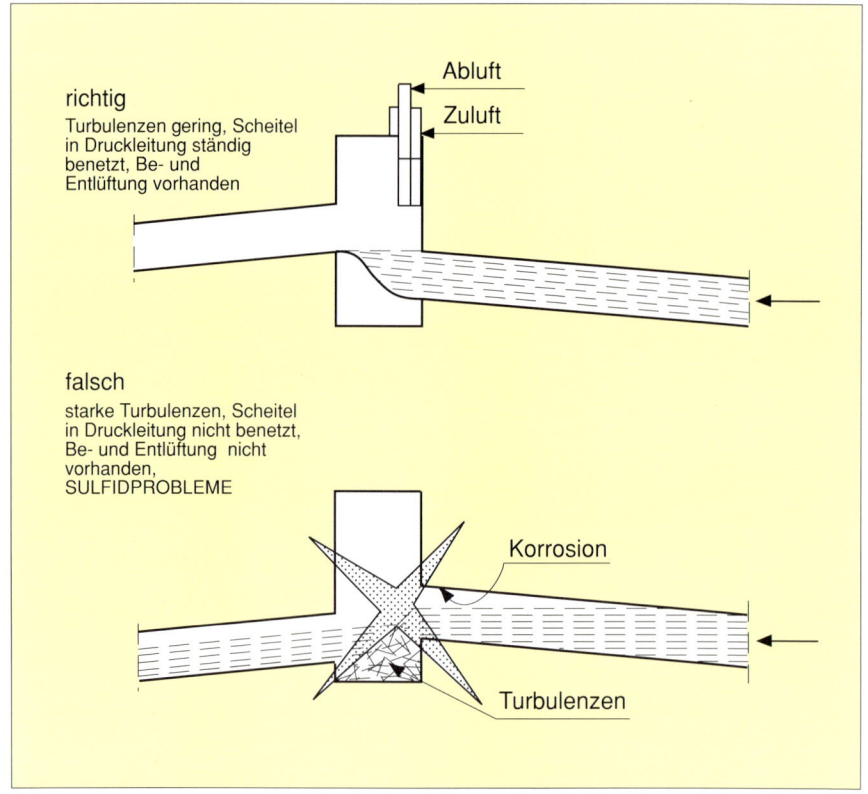

Bild 5.18: Übergangsbauwerk am Ende einer Druckrohrleitung [78]

Das *Übergangsbauwerk* am Ende einer Druckleitung erfordert besondere Aufmerksamkeit; denn insbesondere hier treten vermehrt Geruchs-, Korrosions- und Arbeitssicherheitsprobleme auf. Turbulenzen müssen bei anaeroben Verhältnissen minimiert und eine Be- und Entlüftung des Gasraumes vorgesehen werden. Bild 5.18 zeigt schematisch einen richtigen und einen falschen Entwurf eines Übergangsbauwerkes am Ende einer Druckleitung. Gegebenenfalls bedarf noch eine kurze Entgasungsstrecke besonderer Schutzvorkehrungen.

5.4.4 Verbessernde Maßnahmen bei bestehenden Abwasseranlagen

Die zuvor beschriebenen Maßnahmen zur Vermeidung von Sulfidproblemen gelten im wesentlichen für neu zu erstellende Abwasseranlagen. Sie können zum großen Teil auch auf bestehende Anlagen übertragen werden. Zu den verbessernden Maßnahmen gehören betriebliche und bauliche Veränderungen sowie eine Vorbehandlung des einzuleitenden Abwassers.

Betriebliche Maßnahmen

Probleme, die von Sulfiden ausgehen, erfordern eine laufende Überwachung der in den Abwasseranlagen vorhandenen Bedingungen. Durch systematische Abwasseruntersuchungen können kritische Bereiche rechtzeitig identifiziert werden, noch bevor sich z. B. Korrosionsschäden zeigen. Bei möglichen Untersuchungen ist zu beachten, daß die Sulfidbedingungen innerhalb einer Rohrleitung je nach Tages- und Jahreszeit, je nach Wochentag, aber auch in Abhängigkeit von der Regenhäufigkeit verschieden sein können. Untersuchungsprogramme sind hinsichtlich Verteilung und Häufigkeit der Probenahme in Abhängigkeit von den möglichen Veränderungen festzulegen. Es sind mindestens der Sulfidgehalt, der pH-Wert, der biochemische Sauerstoffbedarf, der Sulfatgehalt und die Abwassertemperatur zu ermitteln. Die Prüfungen müssen in bestimmten Zeitabständen wiederholt werden, da sich sowohl die abwassertechnischen als auch die betrieblichen Bedingungen verändern können.

Grundwasserinfiltration – Fremdwassereinleitung

Eine Grundwasserinfiltration führt meistens zur Verdünnung der im Abwasser vorhandenen Sulfidmengen. Enthält das Grundwasser jedoch hohe Sulfid- oder Sulfatmengen, dann ist damit eine unerwünschte Vermehrung anaerober Bakterien verbunden. Jegliche Grundwasserinfiltration ist allein schon deshalb zu unterbinden.

Um in der kritischen Entwicklungsphase eines zu entsorgenden Gebietes die Abwasserabflüsse zu erhöhen, kann Leitungs-, Fluß- oder Regenwasser eingeleitet werden. Dadurch wird das Abwasser verdünnt, und Ablagerungen werden verhindert. Ist im Fremdwasser viel gelöster Sauerstoff vorhanden, wird die Sulfidentwicklung über Tage bedeutend verringert oder sogar unterbunden.

Kanalreinigung

Sielhaut und Ablagerungen fördern die Entwicklung von Sulfiden. Gelingt es, diese aus den Rohrleitungen zu räumen, bleibt eine kritische Sulfidentwicklung über längere Zeit aus. Kanäle mit geringem Gefälle, geringem Füllgrad und mit Ablagerungen sind regelmäßig zu reinigen. Bild 5.19 zeigt die Wirkung einer Kanalreinigung auf den Sulfidgehalt eines Sammlers. Bemerkenswert ist die Langzeitwirkung mit einer Dauer von mehreren Monaten.

Für eine Kanalreinigung stehen verschiedene Verfahren zur Verfügung:

– Spülung durch automatisch arbeitende, motorisch betriebene Schiebersysteme, die schon beim Bau der Abwasseranlage eingeplant werden müssen. Durch ein Abwaschen der Bauteile oberhalb des Abwasserspiegels wird eine anhaltende Verbesserung des dortigen pH-Wertes erzielt.

– Mechanische Reinigungsgeräte, wie Kanalharke, Iltis und faltbare oder aufblasbare Spülkugeln, die sich mit dem Abwasserstrom durch den Kanal bewegen.

– Hochdruckspülgeräte.

Reinigung von Druckleitungen

Ablagerungen und Sielhäute in Druckleitungen müssen regelmäßig durch Spülung mit erhöhter Fließgeschwindigkeit beseitigt werden. Dafür sind gegebenenfalls zuschaltbare Pumpaggregate erforderlich. Bei mehreren Druckleitungen

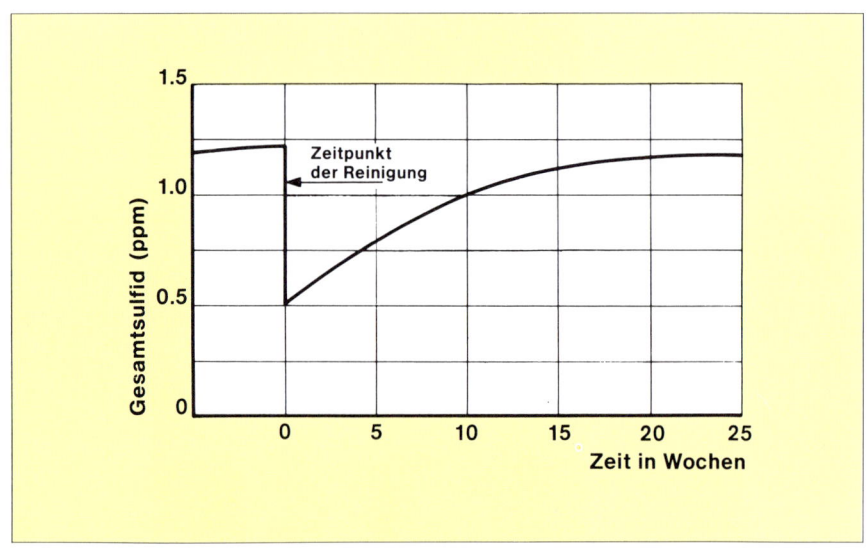

Bild 5.19: Zeitliche Wirkung einer Kanalnetzreinigung [78]

dürfen nur die für das momentan anfallende Abwasser erforderlichen genutzt werden. Druckleitungen, die nicht gebraucht werden, müssen entweder geleert oder mit Leitungswasser gefüllt werden.

Abwasserbehandlung

Eine Abwasserbehandlung soll das Sulfidrisiko vermindern. Die Anwendung der Verfahren hängt von den abwassertechnischen und baulichen Gegebenheiten, den vor Ort zur Verfügung stehenden Hilfsstoffen, deren Wirksamkeit und Nebenwirkungen sowie von den Investitions- und Betriebskosten ab.

Durch eine Vorbehandlung gewerblicher und industrieller Abwässer, z. B. in Absetzbecken, kann der Sauerstoffverbrauch des Abwassers in der Leitung so reduziert werden, daß die normale Belüftung im Kanal ausreicht, um den Sauerstoffbedarf für die im Kanal ablaufenden Prozesse zu decken.

Abwasser kann durch Oberflächenverwirbelung, durch Einspeisung von reinem Sauerstoff, durch Zugabe von Wasserstoffperoxid oder von Nitraten aerob gehalten werden. Die Behandlung mit Laugen, wie z. B. Kalkhydrat, wird zur Anhebung des pH-Wertes angewendet. Dadurch gehen Sielhautentwicklung und Sulfidemission zurück. Hat das Abwasser einen pH-Wert von etwa 8,5 erreicht, ist die Sulfidemission nahezu Null. Geringe Chlorung zerstört in anaerobem Abwasser vorhandene Sulfide, erhöhte Chlorzugaben wirken hemmend auf die sulfidproduzierenden Bakterien, gegebenenfalls werden diese sogar abgetötet. Durch die Zugabe von Metallsalzen (Eisen-, Zink- oder Kupfersalze) wird gelöstes Sulfid zu unlöslichem Metallsulfid gebunden. Bei Druckleitungen können durch Druckluft erzeugte Turbulenzen für Sielhautabtrag und Sauerstoffeintrag sorgen. Voraussetzung ist, daß die Leitungen stetig steigend verlegt worden sind.

6 Schutz und Instandhaltung von Betonbauteilen

6.1 Kläranlagen

Schäden an Betonbauteilen in Abwasseranlagen haben verschiedene Ursachen, die meist auf Planungs- und Ausführungsfehler sowie auf unsachgemäße Nutzung zurückzuführen sind.

Dazu gehören:
- zu geringe Betondeckung der Bewehrung
- ungenügende Qualität der Betondeckung (vor allem durch mangelhafte Nachbehandlung)
- Fehler in der Festlegung der Betoneigenschaften bzw. der Betonzusammensetzung
- falsche Fugeneinteilung oder Bemessungsfehler
- ungenügende Dauerhaftigkeit von Instandsetzungsmaßnahmen
- *sehr starker* Frost- und Tausalzangriff
- *sehr starker* chemischer Angriff nach DIN 4030 z. B. durch nachträgliche Abdeckung von Teilen der Kläranlage, wenn dies zu einer Anreicherung betonangreifender Gase führt

oder

durch unzulässige Einleitung aggressiver Abwässer

Als Folge dieser Fehler können sich Mängel und Schäden zeigen wie:
- Abplatzungen über korrodierender Bewehrung
- Oberflächenschäden durch Frost und Tausalze und/oder lösenden bzw. treibenden chemischen Angriff
- Risse

Die erforderlichen Maßnahmen für Planung, Ausführung, Qualitätssicherung und Anforderungen an die Baustoffe regelt die „Richtlinie für Schutz und Instandsetzung von Betonbauteilen" des Deutschen Ausschusses für Stahlbeton [44]. Im folgenden wird nur kurz auf einige für Abwasseranlagen typische Gesichtspunkte eingegangen.

6.1.1 Schutz von Bauteilen

Bei einer entsprechenden konstruktiven Planung der Bauteile sowie fachgerechter Zusammensetzung, Verarbeitung und Nachbehandlung des Betons ist ein zusätzliches Oberflächenschutzsystem (OS) nicht erforderlich. Wenn nach der Fertigstellung Fehler und Mängel z. B. in Form unzureichender Betondeckung festgestellt werden, können Oberflächenschutzsysteme einen zeitlich begrenzten Schutz bieten (Hinweise enthält Tafel 6.1).

Tafel 6.1: Oberflächenschutzsysteme [44]

Kurzbeschreibung	Richtwerte für systemspezifische Mindestschichtdicke	Hauptbindemittelgruppen
OS 1 Hydrophobierende Imprägnierung	–	Silan, Siloxan, Silikonharz
OS 2 Versiegelung für nicht befahrbare Flächen	50 μm	AY
OS 3 Versiegelung für befahrbare Flächen	50 μm	EP, AY, PUR
OS 4 Beschichtung für nicht befahrbare Flächen	80 μm	AY, PUR-AY
OS 5 Beschichtung für nicht befahrbare Flächen mit mindestens sehr geringer Rißüberbrückung	a) 300 μm b) 2000 μm	AY-Dispersion Propionat-Copolymere Dispersion Dispersion-Zement-Schlämmen
OS 6 Chemisch widerstandsfähige Beschichtung für mechanisch gering beanspruchte Flächen	500 μm	EP, PUR
OS 7 Beschichtung unter bituminösen Dichtungsschichten bei Brücken und ähnlichen Bauwerken	1 mm	EP
OS 8 Chemisch widerstandsfähige Beschichtung für befahrbare, mechanisch stark belastete Flächen	1 mm	EP
OS 9 Beschichtung für nicht befahrbare Flächen mit mindestens erhöhter Rißüberbrückung	1 mm	PUR
OS 10 Beschichtung als Dichtungsschicht unter bituminösen oder anderen Schutz- und Deckschichten mit sehr hoher Rißüberbrückung	2 mm	PUR
OS 11 Beschichtung für befahrbare Flächen mit mindestens erhöhter Rißüberbrückung	3–5 mm	EP-PUR
OS 12 Beschichtung mit Reaktionsharzbeton bzw. -mörtel für befahrbare, mechanisch stark belastete Flächen	5 mm	EP

AY = Acrylat, EP = Epoxidharz, PUR = Polyurethan

Ebenso können bei optischen Ansprüchen an den Beton oder zur Verbesserung der Reinigung an Beckenwänden Beschichtungen (z. B. OS 4) angewendet werden. Auch hier muß mit einer zeitlich begrenzten Wirkung gerechnet werden.

Wenn in Abwasseranlagen Gase häufig oder lange Zeit in starker Konzentration vorhanden sind, die bei Anwesenheit von Feuchtigkeit chemisch oder mikrobiologisch zu Säure umgewandelt werden können, z. B. im Gasraum nachträglich überdachten Nacheindickern und Belebungsbecken u. ä. (Bild 6.1), muß der Beton geschützt werden (siehe auch Abschnitt 5.4.4).

Die für Beschichtungen zu beachtenden wichtigsten Grundsätze über Gestaltung der Bauwerke, Beschaffenheit der zu schützenden Oberflächen, Anforderungen an die Schutzüberzüge, Auswahl des Materials, Aufbringen und erforderliche Schichtdicke der Schutzüberzüge sowie über die Ausbildung der Fugen enthält auch das „Merkblatt Schutzüberzüge auf Beton bei sehr starken Angriffen nach DIN 4030" [35].

Werden als Oberflächenschutz Bahnen, Platten oder rohrförmige Körper aus Kunststoff oder reaktionsharzgebundenen Werkstoffen verwendet, gilt die „Richtlinie für Auswahl und Anwendung von Innenauskleidungen mit Kunststoffbauteilen für Misch- und Schmutzwasserkanäle, Anforderungen und Prüfungen" [36] (siehe auch Abschnitt 5.4.4).

Bild 6.1: Abgedecktes Schneckenpumpwerk zwischen Höchst- und Schwachbelebungsstufe

Erste Erfahrungen mit mineralischen Beschichtungssystemen mit sehr hoher Beständigkeit gegen Säuren (bis pH0) liegen mittlerweile vor, bedürfen aber noch der Langzeitbewährung in der Praxis.

6.1.2 Instandsetzung von Bauteilen

Wie bei allen Instandsetzungsmaßnahmen sind vor Beginn der Arbeiten

- Schadensursache
- Schädigungsgrad und
- Schadensumfang

genau zu ermitteln, und dementsprechend ist das Instandsetzungskonzept festzulegen:

- Welches Korrosionsschutzprinzip kommt in Frage?

  (R) Wiederherstellung des alkalischen Milieus
  (W) Absenken des Wassergehaltes im Beton
  (C) Beschichten der Bewehrung oder
  (K) kathodischer Korrosionsschutz

  bzw. eine Kombination der Prinzipien

- In welche Beanspruchungsklasse (M 1 bis M 4) sind die benötigten Instandsetzungsmörtel einzuordnen?

  Klasse M 1
  keine tragende Funktion,
  ohne geforderten Karbonatisierungswiderstand

  Klasse M 2
  keine tragende Funktion,
  mit nachgewiesenem Karbonatisierungswiderstand

  Klasse M 3
  tragende Funktion,
  mit nachgewiesenem Karbonatisierungswiderstand

  Klasse M 4
  keine tragende Funktion,
  ohne geforderten Karbonatisierungswiderstand,
  jedoch mit erhöhtem Verschleißwiderstand

- Welches Oberflächenschutzsystem (OS) für befahrene und nicht befahrene Flächen ist anzuwenden?
- Wie muß die Behandlung schädlicher Risse erfolgen?

Großflächige Instandsetzungen, z. B. an Wänden, werden mit geschaltem Beton, Spritzbeton oder Spritzmörtel ausgeführt. Bei letzteren muß die Auftragsdicke mindestens 2 cm betragen bzw. dem dreifachen Korndurchmesser entsprechen. Darüber hinaus muß die Betondeckung nach der Instandsetzung Tafel 2.9 entsprechen, sofern kein geeignetes zusätzliches Oberflächenschutzsystem aufgebracht wird.

Bei kleineren Teilflächen kommen kunststoffmodifizierte Zementmörtel in Schichtdicken von 1 bis 2 cm – meist in Verbindung mit einem geeigneten Oberflächenschutzsystem – zum Einsatz.

Reine Kunstharzmörtel können auch in sehr dünnen Schichten aufgetragen werden. Wegen der unterschiedlichen Wärmeausdehnung von Beton und Kunstharz sollten diese Mörtel jedoch nur bei einzelnen punktuellen Schadstellen angewendet werden.

Generell ist wichtig, daß Instandsetzungssysteme *eines* Herstellers verwendet werden. Nur so ist die Verträglichkeit der Stoffkomponenten untereinander sicherzustellen. Im übrigen ist zu bedenken, daß sich bestimmte Harze (z. B. Epoxidharze) nicht ohne weiteres mit demselben Material überstreichen lassen.

6.1.3 Räumerlaufbahnen

Für die Beurteilung des Erhaltungszustandes und der Betriebssicherheit von Räumerlaufbahnen älterer Bauwerke fehlen häufig Vergleichsmöglichkeiten und Erfahrungen. Für befahrene Beckenwandkronen wurden in [68] Bewertungskriterien aufgestellt, die den Zustand der Räumerlaufbahn in vier Klassen einteilen und entsprechend mit Ziffern kennzeichnen:

– Mit der Zustandsklasse 1 werden solche Wandkronen bewertet, die praktisch keine Einwirkung zeigen.

– Mit der Zustandsklasse 2 werden Wandkronen bewertet, bei denen deutlich Einwirkungen auf die Betonoberfläche erkennbar sind, jedoch die Funktionsfähigkeit des Wandkopfes als Räumerlaufbahn nicht beeinträchtigt ist. Eine Ausbesserung ist nicht erforderlich.

– Zustandsklasse 3 bedeutet, daß Schäden vorliegen, die in absehbarer Zeit behoben werden müssen.

– Zustandsklasse 4 zeigt an, daß die Funktionsfähigkeit der Wandkrone stark beeinträchtigt ist, also Reparaturmaßnahmen sofort notwendig sind.

Bild 6.2 zeigt das entsprechende Aussehen in der angegebenen Reihenfolge.

Schäden an Räumerlaufbahnen entstehen meist durch Abfrierungen bei starkem Frostangriff oder Frost- und Tausalzangriff, Abplatzungen über korrodierender Bewehrung oder durch nicht witterungsbeständigen Zuschlag bei gleichzeitig sehr starker Frost- und Tausalzbeanspruchung, wenn bei der Betonzusammensetzung oder Verarbeitung Fehler gemacht wurden.

Bild 6.2: Baulicher Zustand der Oberfläche von Räumerlaufbahnen [68]

Als Instandsetzungsmaßnahmen werden folgende Verfahren angewendet:

- Abstemmen der Wandkrone und Aufbetonieren eines Betons mit hohem Widerstand gegen Frost- und Tausalzangriff
- Verlegen von Betonfertigteilen, gegebenenfalls mit Umbau des Räumers
- Aufbringen eines mindestens 2 cm dicken Stahlfaser-Vergußmörtels (Edelstahlfasern) bzw. entsprechender Fertigteile
- Umstellung auf Schienenbetrieb
  (sofern keine schädlichen Setzungsunterschiede der Bauteile zu erwarten sind)

Wenn die Laufbahn auf der Wandkrone ohne Schwierigkeiten höher gelegt werden kann (neuer Räumer, einfacher bzw. preiswerter Umbau des Räumerschildes o. ä.), ist der schadhafte Beton abzutragen und als Unterbau für Fertigteile oder Ortbetonbalken eine standfeste ebene Oberfläche zu schaffen. Ist die Räumerlaufbahn auf der bisherigen Höhe beizubehalten, so ist die der Dicke von Fertigteilen bzw. Ortbetonbalken entsprechende Altbetonschicht zu entfernen. Bei Ersatz durch Ortbeton sind mindestens 10 bis 15 cm zu entfernen.

Aufgesetzte Fertigteile werden analog Abschnitt 3 verlegt und befestigt. Der Ersatz durch einen raumfugenlosen Ortbetonbalken, der auf einer Gleitschicht lagert, ist ebenfalls in Abschnitt 3 beschrieben.

Bei Ersatz durch Ortbeton müssen alle Fugen durchgeführt werden. Bei großen Fugenabständen werden zusätzliche Schwindfugen oder eine rißbreitenbeschränkende Bewehrung (siehe Abschnitt 2.2) empfohlen.

In Einzelfällen hat sich auch folgende Instandsetzungsmaßnahme unter Verwendung von Kunststoffen bewährt:

- Untergrund vorbehandeln (Abstemmen, Sandstrahlen, erforderliche Haftzugfestigkeit des Altbetons $\geq 1,5$ N/mm^2)
- auf den Reparaturmörtel abgestimmte Haftbrücke aufbringen
- kunststoffmodifizierten Zementmörtel, gegebenenfalls mit Zusatz von Edelstahlfasern, oder Epoxidharzmörtel mit Quarzsand, z. B. 1:7 gefüllt, aufbringen
- Versiegelung mit Epoxidharz (OS 3 nach Tafel 6.1).

6.1.4 Risse

Risse im Beton können unschädlich sein, sie können aber auch die Tragfähigkeit, Gebrauchsfähigkeit und Dauerhaftigkeit beeinträchtigen. Deshalb muß die Beurteilung hinsichtlich Rißursache, Rißbreite, Rißbreitenänderung, Feuchtezustand der Risse sowie die Festlegung des Instandsetzungsplanes durch einen sachkundigen Bauingenieur erfolgen.

Das Füllen von Rissen ist vorzusehen, wenn eines oder mehrere der folgenden Ziele erreicht werden müssen:

- Schließen
  Verhindern des Eindringens von korrosionsfördernden Stoffen in das Bauteil
- Abdichten
  Beseitigen von rissebedingten Undichtigkeiten des Bauteils
- Dehnfähiges Verbinden
  Herstellen einer begrenzt dehnfähigen Verbindung der Rißufer
- Kraftschlüssiges Verbinden
  Herstellen einer zugfesten Verbindung der Rißufer zur Wiederherstellung der Tragfähigkeit

Die für diese Anwendungsgebiete erforderlichen Füllstoffe und Füllverfahren enthalten die Tafeln 6.2 und 6.3.

Tafel 6.2: Anwendungsbereiche der Füllarten und Füllstoffe in Abhängigkeit vom Feuchtezustand der Risse [44]

		Feuchtezustand von Rissen und Rißufern			
		trocken	feucht	„drucklos" wasserführend	„unter Druck" wasserführend
Rißursachen	Ziel	zulässige Maßnahmen			
bekannt	Schließen	EP – T EP – I PUR – I[1] ZL – I[2]	EP – I[3] PUR – I ZL – I	PUR – I ZL – I	PUR – I[4]
bekannt	Abdichten	EP – I PUR – I[1] ZL – I[2]	EP – I[3] PUR – I ZL – I[2]	PUR – I ZL – I	PUR – I[4]
bekannt	Dehnfähiges Verbinden	PUR – I[1]	PUR – I	PUR – I	PUR – I[4]
bekannt nicht wiederkehrend	Kraftschlüssiges Verbinden	EP – I	–	–	–
				EP = Epoxidharz PUR = Polyurethan ZL = Zementleim	

[1] Rißufer müssen ggf. vorgefeuchtet werden
[2] Rißufer müssen vorgenäßt werden
[3] das Verhalten im feuchten Riß ist besonders nachzuweisen
[4] ggf. unter Anwendung eines schnellschäumenden PUR vor der Hauptinjektion

Tafel 6.3: Materialspezifische Anwendungsbedingungen für Rißfüllstoffe und Füllarten [44]

Merkmal		Tränkung mit Epoxidharz EP-T	Injektion mit Epoxidharz EP-I	Injektion mit Polyurethan PUR-I	Injektion mit Zementleim ZL-I
Rißbreite w		> 0,10 mm	> 0,10 mm[1]	> 0,10 mm	> 3 mm[6]
Rißbreiten-änderungen Δw vor Beginn der Maßnahme	kurz-zeitig	nicht zulässig	< 0,1 w bzw.[2] < 0,03 mm	gemäß Grund-prüfung[5]	nicht zulässig
	täglich	nicht zulässig	abhängig von der Festigkeits-entwicklung des EP[3]	gemäß Grund-prüfung[5]	nicht zulässig
	lang-zeitig	nicht zulässig	unbegrenzt	gemäß Grund-prüfung[5]	nicht zulässig
Feuchte der Risse/ Rißufer		trocken	trocken oder feucht[4]	feucht oder naß	naß
Vorangegangene Maß-nahmen		keine Bedin-gungen	EP-Füllung unzulässig	wiederholte Füllung möglich	Kunstharzbe-handlung unzulässig
Rißursache		bekannt nicht wieder-kehrend	bekannt nicht wieder-kehrend	bekannt	bekannt nicht wieder-kehrend

[1] in wesentlichen Bereichen des Rißverlaufes
[2] kleinerer Wert maßgebend
[3] keine Begrenzung, wenn Festigkeit $\geqq 3,0$ N/mm² innerhalb von 10 h und entsprechendem Injektionszeitpunkt
[4] besondere Anforderungen bei feuchten Rissen
[5] i. d. R. < 0,25 w
[6] bei besonderen Verfahren auch kleiner, ggf. bis 0,1 mm

6.1.5 Qualitätssicherung

Instandsetzungsmaßnahmen an Betonbauwerken in Abwasseranlagen müssen fachgerecht geplant, ausgeführt und überwacht werden. Fachfirmen müssen über das notwendige qualifizierte Personal, die erforderliche Geräteausstattung und ggf. eine ständige *Baustoffprüfstelle SIB* verfügen und eine Eigen- und Fremdüberwachung nachweisen. Die Fremdüberwachung erfolgt durch eine der nachfolgend aufgeführten Gütegemeinschaften für Betoninstandsetzungen

– Gütegemeinschaft Erhaltung von Bauwerken E. V. (geb), Wiesbaden
– Bundesgütegemeinschaft Betonerhaltung e. V. (be), Bonn

oder durch eine dafür zugelassene Materialprüfanstalt.

6.2 Abwasserleitungen

6.2.1 Schutz von Abwasserleitungen

Betonrohrleitungen können von außen durch aggressives Grundwasser oder Böden chemisch angegriffen werden (s. Abschnitt 2.5.4). Der innere Schutz von Abwasserleitungen ist nur dann erforderlich, wenn mit *sehr starken* chemischen Angriffen nach DIN 4030 und/oder mit einem biogenen Schwefelsäureangriff im Gasraum zu rechnen ist. Einzelheiten des Schutzes gegen angreifendes Wasser sind in Abschnitt 6.1.1 beschrieben.

Die Oberflächenschutzsysteme zur Vermeidung biogener Schwefelsäurekorrosion befinden sich zur Zeit noch in der praktischen Erprobung. So sind z. B. bei Beschichtungen immer wieder Schäden aufgetreten, wenn die Applikation nicht sorgfältig genug ausgeführt wurde, weil die zu beschichtende Oberfläche nicht trocken genug war und der Abbindeprozeß des Harzes an der Grenzschicht Beton/Harz behindert wurde. Weitere Ursachen waren drückendes Grundwasser und osmotische Vorgänge. Zur Anwendung kommen deshalb in der Regel Auskleidungen. Dazu gehören 6 bis 8 mm dicke PVC-Hart- oder Polypropylenplatten, die mit Fuß- und Firstschienen am Beton angedübelt werden. Damit sich hinter der Auskleidung kein Wasserdruck aufbauen kann, werden nur die oberen 300° eines Rohres ausgekleidet und Öffnungen in der Fußschiene vorgesehen. Verwendet werden auch 360°-Auskleidungen aus 3 mm dicken PVC-Hart-Stegfolien, die sich durch Rippen im Beton verankern. Auskleidung und Rohrstoßdichtung (aus PUR-Kautschuk) müssen dem äußeren Wasserdruck standhalten.

Außerdem werden auch Inliner und Rohre aus GFK- oder Polymerbeton direkt oder nachträglich eingebaut. Sie sind selbsttragend und für den äußeren Wasserdruck bemessen. Beim nachträglichen Einbau muß der verbleibende Spalt zwischen Innen- und Außenrohr mit Schaumbeton oder „Dämmer" verfüllt werden.

Die vorgenannten Auskleidungen sind zum Schutz der zwischen den Rohrhaltungen liegenden Schachtbauwerke wegen vieler Ecken und Kanten, Leiter- und Schiebernischen im allgemeinen nicht anwendbar. Hier wird z. B. nach dem Entgraten und mechanischen Reinigen der Betonoberfläche mittels Kunstharzdispersionskleber ein verrottungsfestes Trennlagenvlies in Bahnen von 1 m Breite mit einem Fugenabstand von 1 cm aufgeklebt. Vlies und Bahnenabstand gewährleisten ein Drainieren evtl. durch Beton und Fugen eindringenden Wassers und vermeiden den Aufbau eines Wasserdrucks auf den inneren Schutz. Auf dem Vlies werden zwei Lagen Glasfasermatten mit Polyesterharz beschichtet aufgetragen und anschließend, nach dem Aushärten der zweiten Lage, durch Tellerkopfdübel mit dem Beton verbunden. Nach dem Dübelsetzen werden auf nicht besonders beanspruchten Flächen zwei, im Bereich von beanspruchten Laufflächen vier weitere Beschichtungslagen aufgebracht. Abschließend wird das ganze Paket mit einem zweifachen Polyesterharzanstrich versehen. Die Laufflächen werden zur Verbesserung der Trittsicherheit abgestreut. Alternativ zu diesem Oberflächenschutzsystem können auch vorgefertigte Platten mit gleichem Schichtaufbau aufgedübelt werden, wobei die Plattenstöße überlaminiert oder anderweitig gasdicht verschlossen werden müssen.

6.2.2 Instandhaltung von Abwasserleitungen

Kanäle unterliegen dauernd oder zeitweise unterschiedlichen dynamischen, mechanischen, physikalischen, chemischen und ggf. biochemischen Beanspruchungen, die zu Schäden führen können. Schäden entstehen in der Regel nicht durch langen bestimmungsgemäßen Betrieb, sondern aus längerfristigen Überbeanspruchungen. Art, Ausmaß und Eintritt werden u. a. von Planung, Bauausführung, Wartung, Art und Dauer der Nutzung sowie von äußeren Einflüssen (Baugrund, Verkehrsbelastungen) und vom Werkstoff beeinflußt.

Eine systematische Auswertung von Kanaluntersuchungen und die Bewertung der Schäden sowie deren Ursachen sind Grundlage der Schadensbehebung, der Betriebs- und Dienstanweisungen, aber auch der richtigen Planung und Werkstoffauswahl für den Neubau und die Instandsetzung von Abwasserleitungen. Das Ergebnis einer ATV-Umfrage über den Zustand der öffentlichen Kanalisation in der Bundesrepublik Deutschland [61] weist als „häufige" Schadensbilder Riß- und/oder Scherbenbildung, Undichtigkeiten und Abflußhindernisse

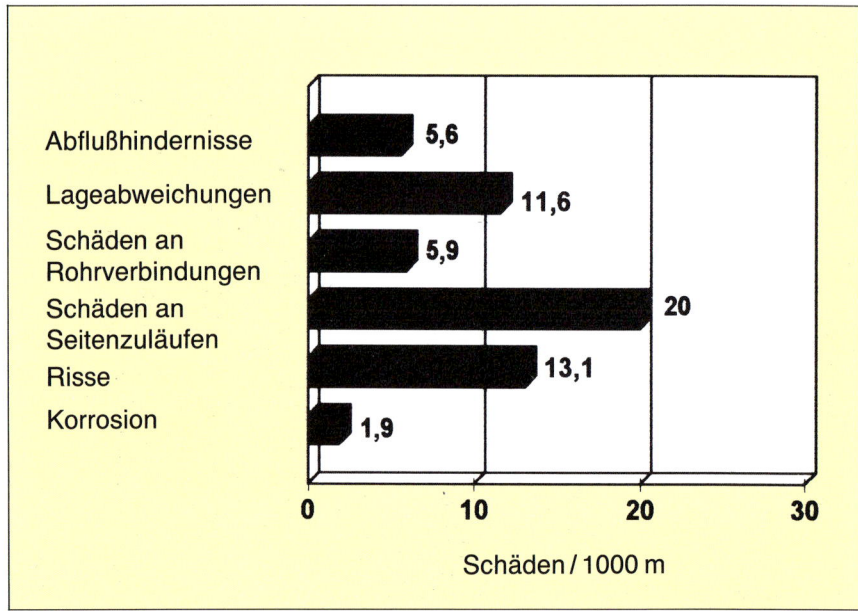

Bild 6.3: Mittlere Häufigkeiten von Schadensbildern in öffentlicher Kanalisation [75]

Tafel 6.4: Wertung und Beschreibung der Schäden in Abwasserleitungen [67]

Schadensgruppe	0	1	2	3
Sanierungs-priorität	vorrangig, Gefahr im Verzug	hoch	mittel	gering
	Einsturz, Verschluß	Lageabweichungen, Risse, Undichtigkeit	Abflußhindernisse, Ablagerungen, Wurzeleinwuchs, Korrosion, mechanischer Verschleiß	unsachgemäß hergestellte Hausanschlüsse
Beschreibung der betrieblichen Folgen	Standsicherheit und Betriebsfunktion nicht mehr gewährleistet	Gefahr von Exfiltration, Funktions- und Betriebsausfall	bei nicht rechtzeitiger Sanierung können Folgeschäden zu Exfiltration, Funktions- und Betriebsausfall führen	keine Exfiltration oder Funktionsbeeinträchtigung zu befürchten bzw. Exfiltration nur selten und kurze Zeit (bei Vollfüllung)

auf. „Selten" dagegen sind u. a. Einsturz und Rohrbruch, mechanischer Verschleiß sowie Korrosion aufgetreten. Neuere Untersuchungen [75] über die Schadenshäufigkeit, aufgeteilt nach Schadensgruppen, bestätigen diese Aussagen (Bild 6.3).

Nicht jeder festgestellte Schaden in einem Abwassernetz führt automatisch zu einer Boden- und Grundwasserverunreinigung. Deshalb ist eine Zuordnung der Schäden nach Prioritäten sinnvoll. In der Praxis haben sich die vier aus Tafel 6.4 ersichtlichen Schadensgruppen bzw. Prioritätsstufen bewährt. Bild 6.3 und Tafel 6.4 machen im Zusammenhang deutlich, daß es bei der Instandhaltung von Rohrleitungen hinsichtlich der Werkstoffauswahl zukünftig primär auf Dichtigkeit, Stand- und Lagesicherheit sowie Kerbunempfindlichkeit und Schlagzähigkeit (Robustheit) der Rohre und sekundär auf hydraulische Glätte, Verschleiß und Korrosionswiderstand ankommt. Verlegebedingte Schäden können durch konsequente Einhaltung und Beachtung einschlägiger Normen und Regelwerke, z. B. DIN 4033, vermieden werden.

Kanalbaumaßnahmen dürfen nur an solche Fachbetriebe vergeben werden, die das RAL-Gütezeichen „Kanalbau" führen bzw. die Güte- und Prüfbestimmungen der „Gütegemeinschaft Herstellung und Instandhaltung von Entwässerungskanälen und -leitungen" erfüllen. Bauüberwachung und -abnahme sowie eine Dichtheitsprüfung sind konsequent durchzuführen. Besonderes

Augenmerk ist den fachgerecht herzustellenden Seitenzuläufen zu widmen. Konsequent sind kompatible Formstücke einzusetzen oder Kernbohrgeräte zu verwenden. Anschlußkanäle sollten direkt in Einsteigschächte münden. Rohre sollten eine integrierte Dichtung aufweisen.

Für die Inspektion, Instandsetzung, Sanierung und Erneuerung von Entwässerungskanälen und -leitungen gilt das ATV-Merkblatt M 143. Es macht Angaben über Schäden, Schadensursachen und Schadensfolgen sowie über die Planung und Arbeitsvorbereitung entsprechender Arbeiten und beschreibt Reliningverfahren. Aus einer Vielzahl vorhandener Verfahren zur Schadensbehebung (s. Bild 6.4) ist die technisch und wirtschaftlich optimale Lösung auszuwählen.

Erneuerung

Bei der Erneuerung in offener oder geschlossener Bauweise werden alte Kanäle außer Betrieb genommen und deren Funktion neuen Kanälen übertragen. Bei der geschlossenen Bauweise werden als Bauverfahren der bergmännische Stollen- oder Tunnelvortrieb, bei begehbarem Querschnitt der Schild- und Rohrvortrieb, das Überfahren und das Berstverfahren angewendet.

Sanierung

Durch eine Sanierung wird der Soll-Zustand schadhafter Kanäle bei Erhaltung der Substanz durch ihre technische Veränderung wiederhergestellt. Zur Durchführung der Maßnahmen werden Beschichtungs-, Relining- oder Montageverfahren angewendet. Durch alle Verfahren können die Widerstandsfähigkeit der Rohrinnenwandung gegen mechanische und/oder chemische Angriffe sowie die Tragfähigkeit und die Wasserdichtheit erhöht werden. Bei den Beschichtungsverfahren kommen ausschließlich Mörtelbeschichtungen mit Schichtdicken von mehr als 5 mm in Frage. Sie werden in der Regel im Anschleuderverfahren aufgebracht. Bei Reliningverfahren werden abschnittsweise selbsttragende Rohre, die ggf. erst vor Ort aushärten, eingebaut. Die Querschnittsabmessungen werden dadurch reduziert. Beim Rohrstrang-Relining wird ein Kunststoffstrang (PE-HD- oder PP-Rohr) mit Kreisquerschnitt in einem Arbeitsgang in den Kanal eingezogen. Der verbleibende Ringraum zwischen Inliner- und Altrohr wird verfüllt. Das Verfahren ist nicht bei Leitungsbrüchen und nur bedingt bei Leitungsverformungen und -abweichungen sowie bei Rohrversatz geeignet. Beim Lang- oder Kurzrohrrelining werden Einzelrohre taktweise in die zu sanierende Strecke eingebracht. Beim Wickelrohr-Relining wird ein spezielles PVC-Stegprofil durch spiralförmige Wicklung zu einem Rohr geformt und von einem Schacht aus unter Drehung um seine eigene Achse kontinuierlich eingeschoben. Beim Schlauch-Relining wird ein konfektioniertes, kunstharzgetränktes Träger(Gewebe-)material in Schlauchform eingebracht und unter Druck an die Innenwand gepreßt. Dort härtet es

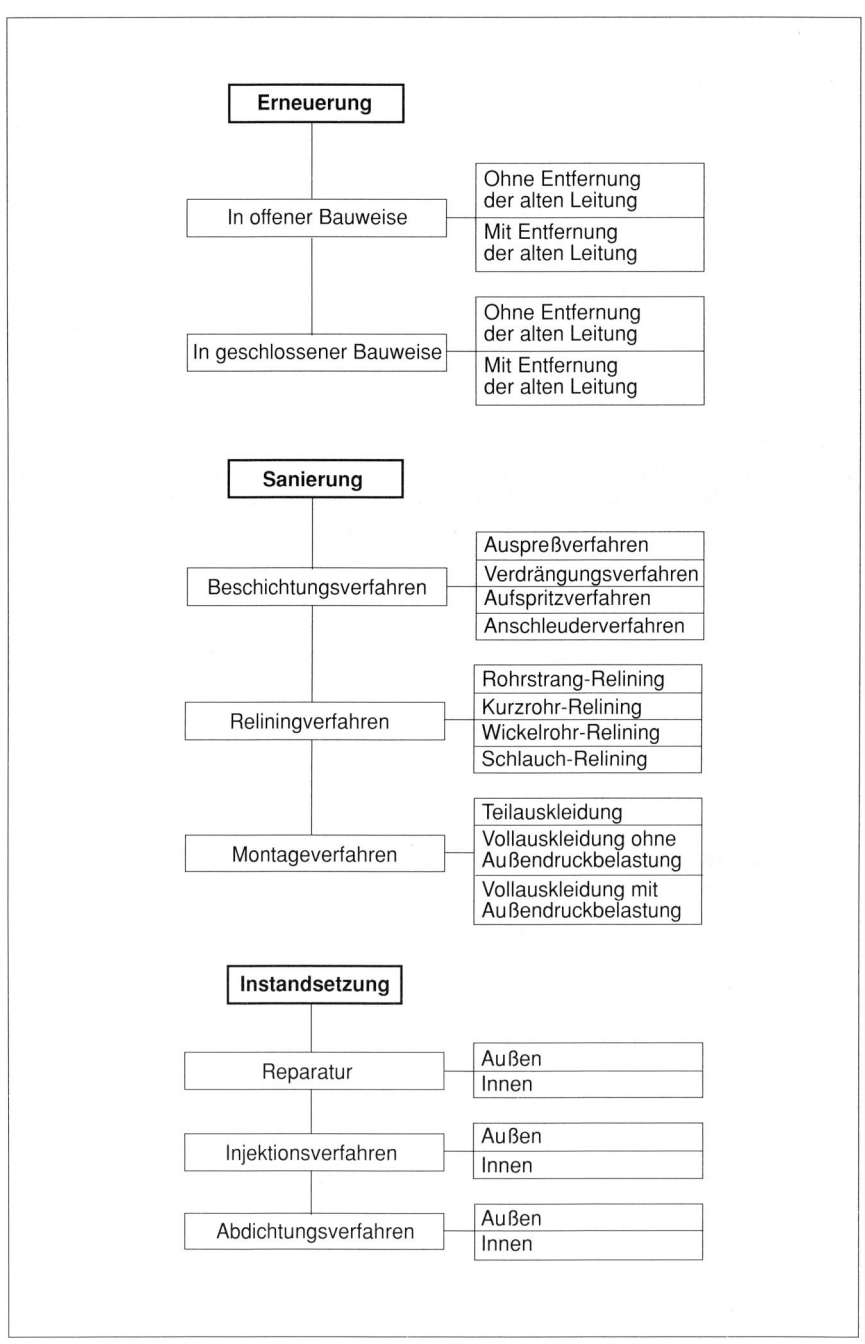

Erneuerung

In offener Bauweise
- Ohne Entfernung der alten Leitung
- Mit Entfernung der alten Leitung

In geschlossener Bauweise
- Ohne Entfernung der alten Leitung
- Mit Entfernung der alten Leitung

Sanierung

Beschichtungsverfahren
- Auspreßverfahren
- Verdrängungsverfahren
- Aufspritzverfahren
- Anschleuderverfahren

Reliningverfahren
- Rohrstrang-Relining
- Kurzrohr-Relining
- Wickelrohr-Relining
- Schlauch-Relining

Montageverfahren
- Teilauskleidung
- Vollauskleidung ohne Außendruckbelastung
- Vollauskleidung mit Außendruckbelastung

Instandsetzung

Reparatur
- Außen
- Innen

Injektionsverfahren
- Außen
- Innen

Abdichtungsverfahren
- Außen
- Innen

Bild 6.4: Verfahren zur Schadensbehebung [32]

115

dann zu einem Kunststoffrohr aus. Montageverfahren sind nur in begehbaren Querschnitten anwendbar. Einzelne ggf. selbsttragende Auskleidungselemente aus Spritzbeton, Faserzement, Reaktionsharzbeton oder GFK werden in die Bauteile eingebracht und zu Teil- oder Vollauskleidungen montiert.

Instandsetzung

Unter Instandsetzung sind Maßnahmen zur Wiederherstellung des Sollzustandes bei örtlich begrenzten Schäden zu verstehen. Sog. Reparaturen werden entweder von innen oder außen von Hand vorgenommen, so daß die Schadensbereiche zugänglich sein müssen. Injektionsverfahren werden bei der Instandsetzung häufig angewendet. Ziel ist, Fehlstellen mit einem Injektionsmittel (z. B. Zementsuspension) unter Druck abzudichten und/oder zu verfestigen. Zu injizierende Bereiche werden durch Bohrungen o. ä. zugänglich gemacht. Abdichtungsverfahren dienen der örtlich begrenzten Abdichtung von Rohrverbindungen und Bauwerksteilen, deren Standsicherheit nicht gefährdet ist. Abdichtungen von außen erfordern eine Baugrube, Abdichtungen von innen begehbare Querschnitte. Für nicht begehbare Querschnitte werden auch Roboter eingesetzt.

7 Betontechnische Vorbemerkungen zur Leistungsbeschreibung

Maßgebend für alle Betonarbeiten ist DIN 1045. Die nachstehenden Forderungen sind im Zusammenhang und in Übereinstimmung mit den einschlägigen Abschnitten dieser Norm zu erfüllen.

7.1 Fugen

Ausbildung und Lage der Bewegungsfugen sind nach Plan auszuführen. Besonderes Augenmerk ist auf die Befestigung der Fugenbänder und die vollständige Verdichtung des Betons in diesem Bereich zu richten.

Anzahl, Lage und Ausbildung der Arbeits- und Scheinfugen sind mit dem Tragwerksplaner abzustimmen und in die Pläne einzutragen. Zur Vermeidung von Undichtigkeiten sind in Arbeitsfugen Bleche (z. B. 250 bis 300 × 1 mm) oder Fugenbänder mittig einzubauen. Kreuzungen und ähnliche Verbindungen von Fugenbändern sind werkseitig herzustellen. Betonaufkantungen bei Arbeitsfugen zwischen Sohle und Wand sind min. 10 bis 20 cm hoch auszuführen. Änderungen bedürfen der Zustimmung des Auftraggebers.

Die Anschlußflächen der Arbeitsfugen sind so vorzubereiten, daß Feinmörtelschichten und lose Betonteile restlos entfernt werden. Auf die horizontalen Flächen ist bei Weiterführung der Betonarbeiten ein Anschlußbeton weicher Konsistenz aufzubringen (siehe Abschnitt 7.7).

Geneigte Arbeitsfugen sind grundsätzlich einzuschalen. Die Fugen sind durch waagerecht auf die Schalung genagelte gewässerte Bohlen zu fixieren, die bis zur Bewehrung und bis ca. 5 cm unter die Solloberfläche des Betonierabschnitts reichen. Nach Fertigstellung der Schicht und Erhärten des Betons wird die Bohle entfernt. Die entstandene Aussparung ist mit dem Beton der nächstfolgenden Schicht auszufüllen. Sowohl für eingeschalte senkrechte als auch für geneigte Arbeitsfugen ist z. B. die Verwendung von Rippenstreckmetall als verlorene Schalung mit entsprechender Rüstung zulässig. Auch diese Flächen sind vor dem nächsten Betoniertakt von Feinmörtelschichten und losen Betonresten zu säubern und vorzubehandeln (siehe Abschnitt 7.7).

7.2 Rißbreitenbeschränkung

Das Entstehen von schädlichen Rissen ist durch betontechnologische, ausführungstechnische und konstruktive Maßnahmen zu vermeiden. Gegebenenfalls ist die Rißbreite durch Bewehrung auf ein unschädliches Maß zu beschränken. DIN 1045, Abschnitt 17.6 „Beschränkung der Rißbreite unter Gebrauchslast" ist zu beachten. Soweit erforderlich, ist die rechnerisch nachzuweisende zulässige Rißbreite anzugeben.

7.3 Schalung

Als Schalmaterial sind Brettschalung und/oder Brettplattenschalung (Schaltafeln) zu verwenden. Für die möglichst glatt herzustellenden Betonflächen, die mit Abwasser in Berührung kommen, sind gehobelte Holzschalungen oder Sperrholzschalungen einzusetzen. Vor dem ersten Einsatz ist die Holzoberfläche (Schalhaut) durch Aufbringen von Zementleim (w/z = 0,8 bis 1,0) oder gleichwertige Maßnahmen zu altern. Der erhärtete Zementleim ist mit einem scharfen Wasserstrahl oder mit einer Bürste wieder zu entfernen. Die Schalung muß maßgenau, standfest, dicht und sauber sein. Am Fuß der Schalung sind Reinigungsöffnungen vorzusehen. An den Stößen von Schaltafeln und vorgefertigten Schalelementen sind Dichtungsstreifen einzulegen. Ecken und Kanten sind durch Einlegen von Dreikantleisten zu brechen. Ausgetrocknetes Schalmaterial muß mindestens einen Tag vor dem Betonieren gründlich genäßt und feuchtgehalten werden. Es sind solche Trennmittel zu verwenden, welche die Saugfähigkeit der Schalung nicht beeinträchtigen, wie z.B. Öl-in-Wasser-Emulsionen.

Die Art der Schalungsanker ist mit dem Auftraggeber abzustimmen. Eine ausreichende Anzahl von Schalungsankern ist zu verwenden. Rödeldrähte, die im Beton verbleiben, und Schalungsabstandhalter aus Kunststoff dürfen in Wandbereichen von Becken und Behältern nicht verwendet werden.

Bei stark geneigten Flächen (z.B. Schlammtrichter, Schneckentröge) kann Rippenstreckmetall als obere verlorene Schalung eingesetzt werden. In diesem Fall ist die endgültige Betonoberfläche mit Spritzbeton herzustellen.

7.4 Rohr- und Kabeldurchführungen

Sofern durch Sohle und Wände der Becken Rohre und Kabel durchgeführt werden müssen, sind spezielle Einbauteile zu verwenden, die bei der Herstellung der Bauteile direkt einzubetonieren sind und eine sichere Abdichtung gewährleisten.

7.5 Anforderungen an den Beton

Für die Herstellung des Betons gelten die Bedingungen für Beton B II.

Stahlbetonbauteile, die der Witterung unmittelbar ausgesetzt sind, erfordern einen Beton für Außenbauteile nach DIN 1045, Abschnitt 6.5.2 (4) und Abschnitt 6.5.5.1 (3) und (4). Bei Wandkronen und Räumerlaufbahnen sind zusätzlich die Angaben der DIN 19569, Teil 1, Abschnitt 3.2, zu beachten.

Der Beton eines Bauteils wird auf Grund zu erwartender Beanspruchungen eingestuft in

- „wasserundurchlässig" und/oder
- „hoher chemischer Widerstand" gegen betonangreifende Wässer/Böden/ Gase entsprechend „schwachem"/„starkem"/„sehr starkem" chemischen Angriff nach DIN 4030 und/oder
- „hoher Frost- bzw. Frost-Tausalzwiderstand".

Bei alkaliempfindlichen Zuschlägen ist die „Richtlinie Alkalireaktion im Beton" zu beachten. Danach wird der Beton in die Feuchtigkeitsklasse „feucht" eingestuft. Beim Streuen von Tausalz oder bei abwasserberührten Bauteilen ist die Feuchtigkeitsklasse „feucht + Alkalizufuhr von außen" zugrunde zu legen.

Wasserundurchlässiger Beton

Bauteile, die mit Abwasser in Berührung kommen oder Grundwasser ausgesetzt sind, erfordern einen wasserundurchlässigen Beton nach DIN 1045, Abschnitt 6.5.7.2.

Es muß insbesondere durch Maßnahmen während der Bauausführung und konstruktive Maßnahmen entsprechend DIN 1045, Abschnitt 14, dafür gesorgt werden, daß Fehlstellen im Beton, undichte Fugen und Risse vermieden werden (siehe Abschnitt 7.1 und 7.2).

Beton mit hohem Widerstand gegen chemische Angriffe

Das Abwasser/Grundwasser/der Boden wird auf Grund einer Untersuchung als „schwach"/„stark"/„sehr stark" betonangreifend nach DIN 4030 eingestuft. Während der Bauausführung ist in besonderen Verdachtsfällen eine erneute Untersuchung und Beurteilung des Grundwassers und/oder des Bodens nach DIN 4030 durchzuführen.

Die Anforderungen an Zusammensetzung und Dichtigkeit des Betons sind in DIN 1045, Abschnitt 6.5.7.5, zusammengestellt.

Beton mit hohem Frost- bzw. Frost-Tausalzwiderstand

Bauteile, die im durchfeuchteten Zustand häufigen Frost-Tau-Wechseln ausgesetzt sind, müssen aus Beton mit hohem Frostwiderstand, Bauteile, die durch Taumittel beansprucht werden, müssen aus Beton mit hohem Frost-Tausalzwiderstand nach DIN 1045, Abschnitt 6.5.7.3 bzw. Abschnitt 6.5.7.4, hergestellt werden.

Beim Zuschlag darf bei der Prüfung mit starker Frosteinwirkung nach DIN 4226, Teil 1, Abschnitt 7.5.4, sowie Teil 3, Abschnitt 3.5.3, der Durchgang durch das dort vorgeschriebene Prüfsieb 2 Gew.-% nicht überschreiten (Zuschlag eFT).

Im Frischbeton muß der Luftgehalt die Werte der Tabelle 5 der DIN 1045 erfüllen. Die Prüfung des Luftgehaltes erfolgt mit dem LP-Topf am vollständig auf dem Rütteltisch verdichteten Frischbeton.

7.6 Bewehrung und Betondeckung

Der Bewehrungsstahl ist vor dem Einbau von Bestandteilen zu befreien, die den Verbund beeinträchtigen. Die Stahleinlagen sind unverschiebbar zu einem steifen Gerippe zu verbinden und/oder gegen seitliches Ausweichen und Herunterdrücken zu sichern.

Sachgerechtes Einbringen und Verdichten des Betons dürfen durch die Lage der Stahleinlagen nicht verhindert werden. Deshalb muß der Abstand der Stäbe untereinander und der Abstand der horizontalen Bewehrung zur Schalung (bei Stützen und Wänden Abstand vom Bügel) das Durchrutschen des Größtkorns ermöglichen. Sind die lichten Stababstände kleiner als der Durchmesser des verwendeten Größtkorns, so ist das Einbringen des Betons durch Anordnung von Lücken in der Bewehrung sicherzustellen.

Die in DIN 1045, Tabelle 10, und DIN 19 569 Abschnitt 3.2.3 angegebenen Betondeckungen sind Mindestmaße am fertigen Bauteil. Für die Dicke der Abstandhalter gelten die Verlegemaße, die aus dem Nennmaß (Mindestmaß + Vorhaltemaß) abgeleitet sind.

Die geforderte Betondeckung ist durch eine ausreichende Anzahl von Abstandhaltern sicherzustellen. Es gilt das „Merkblatt Betondeckung".

Bei korrosionsfördernden Einflüssen (DIN 1045, Tabelle 10, Zeile 3 u. 4, und DIN 19 569 Abschnitt 3.2.3) sind Abstandhalter aus Faserzement oder dichtem Zementmörtel zu verwenden.

Für Stahlbeton, der unmittelbar auf dem Baugrund hergestellt wird, sind die Abstandhalter auf einer mindestens 5 cm dicken, ebenen Sauberkeitsschicht aus Beton zu verlegen.

7.7 Einbringen des Betons

Beton ist möglichst bald nach dem Mischen, Transportbeton möglichst sofort nach Anlieferung ohne Entmischung zu verarbeiten.

Die Frischbetontemperatur darf $+5\,°C$ nicht unter- und $+30\,°C$ nicht überschreiten. Bei kühler Witterung sind für Baustellen- und Transportbeton Mindesttemperaturen des Frischbetons einzuhalten.

Auf gefrorenem Baugrund und an gefrorene Bauteile darf nicht betoniert werden.

Beton darf beim Einbringen mit Kübel oder Pumpe nicht wesentlich mehr als 1 m frei fallen. Bei größeren Höhen sind für Kübel Schüttrohre zu verwenden.

Der Beton ist durch kurze Abstände der Einfüllstellen in gleich dicken und möglichst waagerechten Lagen einzubringen. Die Schichthöhen sollen 30 bis 50 cm betragen. Höhere Böschungen oder Schüttkegel sind zu vermeiden. Beim Einbringen des Betons dürfen Schalungsflächen und Bewehrung von späteren Betonierabschnitten nicht durch Beton verkrustet werden. Genügend Öffnungen für Schüttrohre, Schüttrinnen oder Verteilerschläuche sind vor Verlegen der Bewehrung einzuplanen. Ist die Einführung von Rohren von oben her nicht möglich, so ist der Beton durch seitliche Öffnungen in der Schalung einzubringen.

Beim Betonieren an erhärteten Beton sind vorher die Anschlußflächen zu reinigen und bei ausgetrocknetem Beton mindestens einen Tag zu nässen. Beim Einbringen des frischen Betons müssen die Anschlußflächen frei von Wasserpfützen sein. Auf horizontalen Flächen ist zunächst eine Anschlußmischung (z. B. gleiche Rezeptur, jedoch bei Zuschlaggemisch 0/32 ohne Korngruppe 16/32) in einer Schichthöhe von 10 bis 30 cm einzubauen.

7.8 Verdichten des Betons

Beton muß vollständig verdichtet werden. Das Verdichten ist von erfahrenem und zuverlässigem Personal vorzunehmen. Besondere Sorgfalt ist bei schwer zugänglichen Stellen, z. B. im Bereich von Aussparungen, bei dichter Bewehrung, im Bereich der Fugenbänder und längs der Schalung erforderlich.

Waagerechte oder leicht geneigte Flächen können mit Oberflächenrüttlern (Rüttelplatten, Rüttelbohlen) verdichtet werden. Die Schichtdicke soll bei kräftig wirkenden Oberflächenrüttlern nach dem Verdichten höchstens 20 cm betragen. Bei Innenrüttlern ist die Rüttelflasche durch die zu verdichtende Schicht hindurch 10 bis 15 cm tief in den darunter befindlichen Beton einzutauchen. Der Abstand der Eintauchstellen ist so zu wählen, daß sich die von der Rüttelbewegung erfaßten Betonbereiche überschneiden. Die Eintauchstellen des Rüttlers sollen nach Möglichkeit zwischen 10 und 20 cm von der Schalung liegen. Schalungsrüttler (Außenrüttler) dürfen nur bei dünnen Bauteilen, wie z. B. bei dünnen Wänden oder Stützen, verwendet werden. Stochern ist nur bei weichem Beton zulässig.

Auf ein Nachverdichten des Betons bei Wänden wird besonders hingewiesen. Es sollte möglichst spät nachgerüttelt werden, jedoch so rechtzeitig, daß der Beton beim Rütteln wieder plastisch wird. Für eine Nachverdichtung von waagerechten Betonflächen sind vorzugsweise Glättmaschinen (Propeller- oder Scheibenglätter) zu verwenden.

Bei Räumerlaufbahnen aus Ortbeton soll der nachverdichtete Beton stets rund 1 bis 3 cm höher stehen als das Sollmaß. Im Anschluß an die Nachverdichtung ist der Beton der Lauffläche dann auf das Sollmaß abzuziehen.

7.9 Ausschalen und Nachbehandeln

Junger Beton muß bis zum genügenden Erhärten gegen schädliche Einflüsse, z. B. gegen vorzeitiges Austrocknen (auch durch Wind), gegen extreme Temperaturen, übermäßige mechanische Beanspruchungen und chemische Angriffe geschützt werden (DIN 1045, Abschnitt 10.3, und DIN 19 569, Abschnitt 3.2.3).

Der Schutz gegen Austrocknen muß unmittelbar nach Beendigung des Verarbeitens beginnen. Die Mindest-Nachbehandlungsdauer für Außenbauteile ist in der „Richtlinie zur Nachbehandlung von Beton" aufgeführt. Auf die Notwendigkeit längerer Nachbehandlungszeiten nach der vorgenannten Richtlinie und nach DIN 19 569, Teil 1, wird ausdrücklich hingewiesen.

Während der Nachbehandlung ist der Beton *ständig* feuchtzuhalten bzw. durch andere Maßnahmen entsprechend zu schützen. Ist ein Feuchthalten vertikaler Betonflächen nicht möglich, muß der Beton für die Nachbehandlungsdauer in der Schalung stehen gelassen werden. Holzschalungen müssen dabei – insbesondere bei warmer Witterung – genäßt werden. Die Verwendung geeigneter Nachbehandlungsfilme ist erlaubt. Sie dürfen nicht verwendet werden, wenn später Imprägnierungen, Anstriche oder Beschichtungen vorgesehen sind.

Bei Umgebungstemperaturen unter 0 °C ist der junge Beton bis zur Gefrierbeständigkeit vor Frost und Fremdwasser zu schützen. Es darf erst ausgeschalt werden, wenn der Beton die zu diesem Zeitpunkt angreifenden Lasten mit Sicherheit aufnehmen kann. Anhaltswerte für die Ausschalfristen enthält DIN 1045, Abschnitt 12.3.

7.10 Überwachen der Betoneigenschaften

Für Beton B II ist eine Güteüberwachung nach DIN 1084, bestehend aus Eigen- und Fremdüberwachung, durchzuführen. Das Unternehmen muß über eine Betonprüfstelle E verfügen. Außerdem ist die Fremdüberwachung durch eine anerkannte Überwachungsgemeinschaft, Güteschutzgemeinschaft oder eine dafür anerkannte Prüfstelle F nachzuweisen. Für den Umfang der Güteprüfung – Nachweis der geforderten Frisch- und Festbetoneigenschaften – gilt DIN 1045. Die Prüfungen sind nach DIN 1048, Teil 1 und 5, durchzuführen. Die Anforderungen an die Güteprüfung gelten auch bei der Verwendung von Transportbeton mit den in DIN 1045 aufgeführten Ausnahmen.

Der Nachweis der Wasserundurchlässigkeit ist an gesondert hergestellten Probekörpern nach DIN 1048, Teil 1 und 5, zu führen. Bei Beton mit hohem Frost-Tausalzwiderstand muß der Luftgehalt an der Einbaustelle geprüft werden, die Verdichtung des Betons ist auf dem Rütteltisch vorzunehmen. Der Umfang der Prüfungen ist mit dem Auftraggeber zu vereinbaren.

7.11 Schutzmaßnahmen

Bei planmäßig vorgesehenen Schutzmaßnahmen sind zu beachten:

- „Richtlinie für Schutz und Instandsetzung von Betonbauteilen",
- „Merkblatt für Schutzüberzüge auf Beton bei sehr starken Angriffen nach DIN 4030",
- „Richtlinie für die Auswahl und Anwendung von Innenauskleidungen mit Kunststoffbauteilen für Misch- und Schmutzwasserkanäle, Anforderungen und Prüfungen".

Normen, Richtlinien, Merkblätter

Zement

[1] DIN 1164   Teil 1   Zement: Zusammensetzung, Anforderungen
    DIN EN 196   Prüfverfahren für Zement

Zuschlag

[2] DIN 4226   Teil 1, 3, 4   Zuschlag für Beton

Beton

[3] DIN 1045   Beton und Stahlbeton
[4] DIN 1048   Prüfverfahren für Beton
              Teil 1   Frischbeton
              Teil 5   Festbeton, gesondert hergestellte Probekörper
[5] DIN 1084   Überwachung im Beton- und Stahlbetonbau
              Teil 1   Beton B II auf Baustellen
              Teil 2   Fertigteile
              Teil 3   Transportbeton
[6] DIN 1986   Teil 3   Entwässerungsanlagen für Gebäude und Grundstücke;
                            Regeln für Betrieb und Wartung
[7] DIN 2410   Teil 3   Rohre; Übersicht über Normen für Rohre aus Beton,
                            Stahlbeton und Spannbeton
[8] DIN 4030   Beurteilung betonangreifender Wässer, Böden und
                            Gase
[9] DIN 4032   Betonrohre und Formstücke; Maße, Technische Liefer-
                            bedingungen
[10] DIN 4033   Entwässerungskanäle und -leitungen; Richtlinien für
                            die Ausführung
[11] DIN 4034   Schächte aus Beton- und Stahlbetonfertigteilen
[12] DIN 4035   Stahlbetonrohre, Stahlbetondruckrohre und zugehörige
                            Formstücke aus Stahlbeton; Maße, Technische Liefer-
                            bedingungen
[13] DIN 4060   Dichtmittel aus Elastomeren für Rohrverbindungen
                            von Abwasserkanälen und -leitungen
[14] DIN 4227   Teil 1   Spannbeton; Bauteile aus Normalbeton mit beschränk-
                            ter oder voller Vorspannung
[15] DIN 4235   Teil 1–5   Verdichten von Beton durch Rütteln
[16] DIN 18 215   Schalungsplatten aus Holz für Beton- und Stahlbeton-
                            bauten

[17] DIN 18 216   Schalungsanker für Betonschalungen

[18] DIN 18 217   Betonoberflächen und Schalungshaut

[19] DIN 18 218   Frischbetondruck auf lotrechte Schalungen

[20] DIN 18 306   Entwässerungskanalarbeiten

[21] DIN 18 551   Spritzbeton, Herstellung und Prüfung

[22] DIN 19 543   Allgemeine Anforderungen an Rohrverbindungen für Abwasserkanäle und -leitungen

[23] DIN 19 559   Durchflußmessung von Abwasser in offenen Gerinnen und Freispiegelleitungen

[24] DIN 19 569 Teil 1   Kläranlagen; Baugrundsätze für Bauwerke und technische Ausrüstungen. Allgemeine Grundsätze

[25] DIN 19 800 Teil 1–3 Faserzementrohre und -formstücke für Druckrohrleitungen

[26] DIN 19 850 Teil 1   Faserzementrohre und -formstücke für Abwasserkanäle

[27] ATV-KWK A 107   Hinweise für das Ableiten von Schlachthofabwasser in ein öffentliches Kanalnetz. Gesellschaft zur Förderung der Abwassertechnik, St. Augustin

[28] ATV-DVWK A 112   Hinweise für das Ableiten von Abwasser aus fleisch- und fischverarbeitenden Betrieben in ein öffentliches Kanalnetz. Gesellschaft zur Förderung der Abwassertechnik, St. Augustin

[29] ATV-VKS A 115   Hinweise für das Einleiten von Abwasser in eine öffentliche Abwasseranlage. Gesellschaft zur Förderung der Abwassertechnik, St. Augustin

[30] KfK-ATV-KTBL A 116 Abwasser aus landwirtschaftlichen Betrieben – Merkblatt. Gesellschaft zur Förderung der Abwassertechnik, St. Augustin

[31] ATV A 127   Richtlinie für die statische Berechnung von Entwässerungskanälen und -leitungen. Gesellschaft zur Förderung der Abwassertechnik, St. Augustin

[32] ATV M 143   Inspektion, Instandsetzung, Sanierung und Erneuerung von Abwasserkanälen und Leitungen. Gesellschaft zur Förderung der Abwassertechnik, St. Augustin

[33] ATV M 151   Allgemeine Grundsätze für Rohrverbindungen von Entwässerungskanälen und -leitungen beim Rohrvortrieb. Gesellschaft zur Förderung der Abwassertechnik, St. Augustin

[34] Zusätzliche Technische Vertragsbedingungen für den Bau von Abwasseranlagen in Hamburg (ZTV – AA Hmb 92). Freie und Hansestadt Hamburg, Baubehörde, Amt für Ingenieurwesen III – Stadtentwässerung, Ausgabe 1979

[35] Merkblatt Schutzüberzüge auf Beton bei sehr starken Angriffen nach DIN 4030. Beton 23 (1973) H. 9

[36] Richtlinien für Auswahl und Anwendung von Innenauskleidungen mit Kunststoffbauteilen für Misch- und Schmutzwasserkanäle. Anforderungen und Prüfungen. Institut für Bautechnik, Berlin

[37] RILEM – Richtlinien für das Betonieren im Winter. Beton 14 (1964) H. 10

[38] Vorläufiges Merkblatt für Anstriche auf Beton von Wasser- und Sammelanlagen. Beton 30 (1980) H. 6

[39] Richtlinie Alkalireaktion im Beton – Vorbeugende Maßnahmen gegen schädigende Alkalireaktion im Beton, Fassung Dezember 1986. DAfStb und NABau im DIN

[40] ZTVE-StB 76. Zusätzliche Technische Vertragsbedingungen für Erdarbeiten im Straßenbau – Ausgabe 1976 (Berichtigte Fassung 1978)

[41] ZTVA-StB 89. Zusätzliche Technische Vertragsbedingungen und Richtlinien für Ausgrabungen in Verkehrsflächen – Ausgabe 1989

[42] ZTV-K 80. Zusätzliche Technische Vorschriften für Kunstbauten. Verkehrsblatt-Verlag, Dortmund

[43] Richtlinie zur Nachbehandlung von Beton, Fassung Februar 1984. Deutscher Ausschuß für Stahlbeton

[44] Richtlinie für Schutz und Instandsetzung von Betonbauteilen, Ausgabe August 1990. Deutscher Ausschuß für Stahlbeton

[45] Merkblatt „Anforderungen an Abstandhalter für die Bewehrung von Stahl- und Spannbetonbauteilen und Hinweise für die Bauausführung", Fassung Januar 1987. Deutscher Beton-Verein E. V. DBV-Merkblatt-Sammlung Ausgabe 1991

[46] Merkblatt „Wasserundurchlässige Baukörper aus Beton", Fassung August 1989. Deutscher Beton-Verein E. V. DBV-Merkblatt-Sammlung Ausgabe 1991

[47] Merkblatt Betondeckung: Sicherung der Betondeckung beim Entwerfen, Herstellen und Einbauen der Bewehrung sowie des Betons, Fassung März 1991. Deutscher Beton-Verein E. V. DBV-Merkblatt-Sammlung Ausgabe 1991

[48] DAfStb-Heft 400: Erläuterungen zu DIN 1045, Ausgabe 7.88. Deutscher Ausschuß für Stahlbeton

Schrifttum

[49] Bayer, E.: Räumerlaufbahnen. Korrespondenz Abwasser 38 (1991) H. 11

[50] Bielecki, R.; Schremmer, H.: Biogene Schwefelsäure-Korrosion in teilgefüllten Abwasserkanälen (1987). Leichtweiß-Institut, Braunschweig

[51] Bonzel, J.; Bub, H.; Funk, P.: Erläuterungen zu den Stahlbetonbestimmungen – Band I, DIN 1045 und zugehörige Normen. 7. Auflage. Verlag Wilhelm Ernst & Sohn, Berlin, München, Düsseldorf 1972

[52] Bonzel, J.; Siebel, E.: Neuere Untersuchungen über den Frost-Tausalz-Widerstand von Beton. Beton 27 (1977) H. 6

[53] Brodersen, H. A.: Zum Frost-Tausalz-Widerstand von Beton und dessen Prüfungen im Labor. Beton-Informationen 18 (1978) H. 3

[54] Gniosdorsch, L. G.; Hanitsch, P. H.: Winterfester Betrieb schienenloser Längsräumer durch Fahrbahnbeheizung. Abwassertechnik 39 (1988) H. 6

[55] Grube, H.: Wasserundurchlässige Bauwerke aus Beton. Otto Elsner Verlagsgesellschaft, Darmstadt 1982

[56] Hagendorf, U.: Untergrundgefährdung durch Abwasserkanäle. Korrespondenz Abwasser 34 (1987) H. 4

[57] Heierli, R.: Planungen in Ver- und Entsorgungsstollen. ATV-Workshop „Undichte Kanäle", München 1990

[58] Hillemeier, H.; Wisslicen, B.: Zu den Arbeits- und Scheinfugen in wasserundurchlässigen Stahlbeton-Konstruktionen. Beton- und Stahlbetonbau 85 (1990) H. 6

[59] Hünerberg, K.; Tessendorf, H.: Handbuch für Asbestzementrohre. Springer Verlag, Berlin 1977

[60] Kalytta, S.: Vakuumbeton für den Neubau einer Kläranlage. Beton 28 (1978) H. 7

[61] Keding, M.; van Riesen, S.; Esch, B.: Der Zustand der öffentlichen Kanalisation in der Bundesrepublik Deutschland. Korrespondenz Abwasser 37 (1990) H. 10

[62] Klose, N.: Sulfidprobleme und deren Vermeidung in Abwasseranlagen. Beton-Verlag, Düsseldorf 1981

[63] Liersch, K.-M.: Erfahrungsbericht über den Winterbetrieb in Kläranlagen. KA-Informationen Folge 4/1980, Gesellschaft zur Förderung der Abwassertechnik, St. Augustin

[64] Linder, R.: Stichwort: Schalung. Bauverlag, Wiesbaden, Berlin 1973

[65] Lohmeyer, G.: Weiße Wannen – einfach und sicher. 2. Auflage. Beton-Verlag, Düsseldorf 1991

[66] Meyer, G.: Rißbreitenbeschränkung nach DIN 1045. Beton-Verlag, Düsseldorf 1990

[67] Matthes, W.: Systematische TV-Untersuchungen von Abwasserkanälen. Beton 43 (1993) H. 8

[68] Moritz, H.; Vinkeloe, R.: Erhebung an Kläranlagen. Beton-Informationen 29 (1989) H. 2

[69] Radcke, H. D.: Wirkung von Taumitteln auf Beton von Räumerbahnen in Kläranlagen. Beton-Informationen 29 (1989) H. 2

[70] Radcke, H. D.: Beton für Kläranlagen unter Berücksichtigung der DIN 19 569. Korrespondenz Abwasser 36 (1989) H. 11

[71] Rechenberg, W.; Sylla, H.-M.: Die Wirkung von Ammonium auf Beton. Beton 43 (1993) H. 1

[72] Schießl, P.: Grundlagen der Neuregelung zur Beschränkung der Rißbreite. Heft 400, Deutscher Ausschuß für Stahlbeton, Beuth-Verlag, Berlin 1989

[73] Schott, W.: Tricosal-Fugenband für die Bauwerksfuge. 4. Auflage. Chemische Fabrik Grünau GmbH, Illertissen 1984

[74] Stein, D.: Schadensbehebung als Chance zur Durchsetzung neuer Kanalisationskonzeptionen. Korrespondenz Abwasser 36 (1989) H. 8

[75] Stein, D.; Kaufmann O.: Schadensanalyse an Abwasserkanälen aus Beton- und Steinzeugrohren der Bundesrepublik Deutschland-West. Korrespondenz Abwasser 40 (1993) H. 2

[76] Stein, D.; Möllers, K.; Bielecki, R.: Leitungstunnelbau, Neuverlegung und Erneuerung nichtbegehbarer Ver- und Entsorgungsleitungen in geschlossener Bauweise. Verlag Ernst & Sohn, Berlin 1988

[77] Stein, D.; Niederehe, W.: Instandhaltung von Kanalisationen. Verlag Ernst & Sohn, Berlin 1987

[78] Thistlethwayte, D.: Sulfide in Abwasseranlagen. Ursachen, Auswirkungen, Gegenmaßnahmen (Bearb. der deutschen Ausgabe: N. Klose). Beton-Verlag, Düsseldorf 1979

[79] Wierig, H.-J.: Biogene Schwefelsäure in teilgefüllten Abwasserkanälen. Mitteilungen des Leichtweiß-Instituts für Wasserbau der Technischen Universität Braunschweig, H. 94/1987

[80] „Beton – Herstellung nach Norm" und „Beton – Prüfung nach Norm". Bundesverband der Deutschen Zementindustrie. Beton-Verlag, Düsseldorf

[81] Handbuch für Rohre aus Beton, Stahlbeton, Spannbeton. Bundesverband Deutsche Beton- und Fertigteilindustrie. Bauverlag, Wiesbaden, Berlin 1978

[82] Unterlagen, Besichtigungen, Schriftverkehr: Abwasser Verband Saar, Saarbrücken 1990

[83] Schriftverkehr und Planungsunterlagen der Firma Bormet + Werner Maschinenbau GmbH & Co. KG, Weiterstadt 1990

[84] Schriftverkehr und Planungsunterlagen der Firma Defromat Heizelektrik GmbH & Co., München 1990

[85] Schriftverkehr und Planungsunterlagen der Firma Frötherm GmbH, Oberpframmern 1990

[86] Schriftverkehr und Planungsunterlagen der Firma Klöpper-Therm GmbH & Co., Dortmund 1990

[87] Karl, J. H.; Solacolu, C.: Verbesserung der Betonrandzone – Wirkung und Einsatz der saugenden Schalungsbahn. Beton 43 (1993) H. 5

Anhang

Merkblatt für Schutzüberzüge auf Beton bei sehr starken Angriffen nach DIN 4030

(Fassung April 1973)

Vorwort

DIN 4030 — Beurteilung betonangreifender Wässer, Böden und Gase — unterscheidet für die Beurteilung betonangreifender Stoffe die Angriffsgrade „schwach", „stark" und „sehr stark" angreifend und nennt für die Bestimmung des Angriffsgrades Grenzgehalte der wichtigsten betonangreifenden Stoffe. Die bei den einzelnen Angriffsgraden notwendigen betontechnischen Maßnahmen sind in DIN 1045 — Beton- und Stahlbetonbau; Bemessung und Ausführung — enthalten. Die Grenzgehalte betonangreifender Stoffe wurden für die einzelnen Angriffsgrade in DIN 4030 so festgelegt, daß Wässern und Böden mit „schwachem" und „starkem" Angriffsvermögen ein Beton ausreichend widerstehen kann, der aufgrund seiner hierauf abgestimmten Zusammensetzung und Herstellung einen hohen Widerstand aufweist. Bei „sehr starkem" Angriffsvermögen nach DIN 4030 ist nach DIN 1045 ein dauerhafter Schutz des Betons notwendig. Dafür gibt es verschiedene Möglichkeiten [1]).

Eine Möglichkeit, erhärteten Beton vor sehr starken chemischen Angriffen nach DIN 4030 zu schützen, ist das Aufbringen eines dauerhaften Schutzüberzuges aus geeigneten Stoffen, z. B. auf Kunststoffbasis. In dem vorliegenden Merkblatt, das die bei Einwirken von Stoffen mit „sehr starkem" Angriffsvermögen nach DIN 4030 notwendigen Schutzüberzüge behandelt, werden die dabei zu beachtenden allgemeinen Grundsätze zusammengestellt. Das Merkblatt enthält Angaben über die Gestaltung der Bauwerke, über die Beschaffenheit der zu schützenden Betonflächen und über die Anforderungen an die Schutzüberzüge sowie über das Aufbringen und die erforderliche Schichtdicke der Schutzüberzüge. Es gibt auch Hinweise für die Auswahl geeigneter Stoffe und für die Ausbildung der Fugen.

Schutzüberzüge auf Beton können auf die Dauer nur wirksam sein, wenn die für den jeweiligen Verwendungszweck geeigneten Überzugsstoffe sorgsam ausgewählt und wenn die Arbeiten sachgerecht und mit besonderer Sorgfalt ausgeführt werden. Dabei sind stets die Hinweise der Hersteller und Lieferer bzw. Verarbeiter der Schutzüberzugsstoffe zu beachten sowie die Vorschriften für den Gesundheitsschutz.

Die zweite Fassung dieses Merkblatts wurde auf die Neufassungen von DIN 1045 und DIN 4030 abgestimmt. Außerdem wurden neuere Erkenntnisse berücksichtigt und inzwischen eingegangene Stellungnahmen zum Merkblatt beraten.

Die erste Fassung des Merkblatts wurde im Februar 1969 vom damaligen Arbeitskreis „Schutzbehandlung" des Vereins Deutscher Zementwerke aufgestellt, der inzwischen in „Beton und Kunststoff" umbenannt worden ist. An der vorliegenden Fassung des Merkblatts haben folgende Herren mitgearbeitet: Priv.-Doz. Dr.-Ing. J. Bonzel, Forschungsinstitut der Zementindustrie, Düsseldorf; Leitender Bundesbahndirektor Dipl.-Ing. R. Bührer, Bundesbahn-Zentralamt, München; Prof. Dr.-Ing. K. Krenkler, Lechler Chemie, Stuttgart; Dipl.-Ing. E. Krumm, Forschungsinstitut der Zementindustrie, Düsseldorf; Bauing. (grad.) M. Meinzinger, Bundesbahn-Zentralamt, München; Dipl.-Ing. H. Melcher, Bauberatung Zement, Berlin; Chemiker A. Meyer, Lechler Chemie, Stuttgart; Chemie-Ing. (grad.) Chr. Pruzina, Dyckerhoff Zementwerke, Wiesbaden; Dr.-Ing. W. Schneider, BASF, Ludwigshafen; Dr.-Ing. H.-G. Smolczyk, Forschungsgemeinschaft Eisenhüttenschlacken, Rheinhausen; Dr. H. Steinegger (Leiter des Arbeitskreises), Portland-Zementwerke Heidelberg, Leimen; Dipl.-Ing. W. Striebel, Farbenwerk Kriftel, Kriftel. Bei der Bearbeitung des Merkblatts wurden außerdem die Stellungnahmen von Firmen der Bautenschutzmittel-Industrie und der chemischen Industrie, die Stoffe für Schutzüberzüge herstellen, berücksichtigt.

1. Allgemeines

Das Merkblatt enthält Hinweise und Anleitungen für den Oberflächenschutz (Schutzüberzüge) von erhärtetem Beton, der sehr starken Angriffen nach DIN 4030 ausgesetzt wird.

Schutzüberzüge im Sinne dieses Merkblatts sind Beschichtungen aus bituminösen Stoffen oder Kunststoffen, die durch Streichen, Rollen, Spritzen oder Spachteln im Heiß- oder Kaltverfahren aufgebracht werden. Nicht behandelt werden Schutzmöglichkeiten durch Imprägnieren, Versiegelungen, Dichtungsbahnen und Folien.

Für den Säureschutzbau [2]) sind folgende Normen zu beachten:

DIN 28 060 — Ausgemauerte Apparate für verfahrenstechnische Anlagen; Bau, Ausführung,

DIN 28 061 — Ausmauerung von Apparaten für verfahrenstechnische Anlagen; Baustoffe, Herstellung,

DIN 1058 — Säureschornsteine in Massivbauart; Berechnung und Ausführung.

2. Gestaltung und Ausführung der Bauwerke

Für Zusammensetzung, Herstellung, Einbau und Nachbehandlung des Betons sind die Bestimmungen von DIN 1045, insbesondere die Abschnitte 6.5.7.4 und 14.2, sowie gegebenenfalls andere Betonbestimmungen zu beachten.

Die Bauwerke sind so auszubilden, daß die den angreifenden Stoffen ausgesetzten Flächen möglichst klein sind. Feingliedrige Bauteile sind zu vermeiden. Kanten, Kehlen und Ecken sollen abgerundet oder gekehlt sein, Grate und Nester vermieden werden. An den zu schützenden Betonflächen sollen Stemmarbeiten möglichst nicht vorgenommen werden. Die Bauwerksflächen sollen geschlossen, eben und zur Wasserabführung geneigt sein (i. a. Gefälle $\geq$ 1,5 %). Damit der Schutzüberzug nicht vom Beton abgedrückt werden kann, ist durch bauliche Maßnahmen (z. B. Ableiten von Sickerwasser und gegebenenfalls geeignete Abdichtung der Rückseite) dafür zu sorgen, daß Wasser nicht gegen die Rückseite des Überzuges drückt und daß sich dort kein Dampfdruck aufbauen kann.

---

[1]) Siehe u. a. Bonzel, J., und F. W. Locher: Über das Angriffsvermögen von Wässern, Böden und Gasen auf Beton. beton 18 (1968) H. 10, S. 401/404, und H. 11, S. 443/445; ebenso Betontechnische Berichte 1968, Beton-Verlag, Düsseldorf 1969, S. 127/144.

[2]) Falcke, F. K.: Kleines Handbuch des Säureschutzbaues. Verlag Chemie, Weinheim/Bergstraße 1966.

Um das Auftreten von Rissen einzuschränken, sind bei Bauwerken mit größeren Abmessungen Fugen anzuordnen. Darüber hinaus kann es zweckmäßig sein, nichtvorgespannte Bauteile nach Zustand I zu bemessen oder zur Beschränkung der Rißweite eine Bewehrung aus Baustahlmatten oder aus Rippenstählen mit möglichst kleinen Durchmessern anzuordnen.

Abmessungen der Bauteile, Bewehrungsführung, Betonzusammensetzung, Konsistenz des Betons und Verdichtungsart müssen so aufeinander abgestimmt sein, daß praktisch vollständige Verdichtung erreicht wird. Die Betondeckung der Bewehrung muß DIN 1045 entsprechen; sie muß durch korrosions- und alkalibeständige Abstandshalter gesichert werden.

Der Beton ist möglichst ohne Unterbrechung einzubringen. Unvermeidbare Arbeitsfugen sollen nach Möglichkeit an statisch wenig beanspruchte Stellen gelegt und sehr sorgfältig hergestellt werden.

Nachbehandlungsmittel sind im allgemeinen als Untergrund für Schutzschichten nicht geeignet. da sie u. a. die Haftung des Schutzüberzuges beeinträchtigen können.

Weitere Hinweise zur Gestaltung und Ausführung der Bauwerke können der VDI-Richtlinie 2533 – Oberflächenschutz mit organischen Werkstoffen; Gestaltung und Ausführung zu schützender Bauwerke aus Stahlbeton, Beton, Mauerwerk – entnommen werden.

3. Oberflächenbeschaffenheit des Betons

Vor jeder Beschichtung müssen alle Flächen gereinigt und von Staub, losen und lockeren Teilen sowie von Bitumen-, Wachs-, Silicon-, Farb- und Schalölresten befreit werden. Mechanische Reinigung mit hartem Besen oder Stahlbürste mit Druckluft kann ausreichen; wirkungsvoller ist jedoch eine Vorbehandlung der zu beschichtenden Betonflächen durch Sandstrahlen oder mit mechanischen Aufrauhgeräten und nachfolgendes Reinigen und Entstauben. Fugen können z. B. mit einer rotierenden Fugenbürste aus Stahldrähten gesäubert werden; anschließend ist die Fuge mit Druckluft von Staub und losen Teilen zu befreien. Bei Reinigung mit chemisch wirkenden Mitteln muß dafür gesorgt werden, z. B. durch vorheriges kräftiges Annässen des Betons und nachträgliches gründliches Abspülen mit Wasser, daß die gelösten Stoffe nicht in den Beton eindringen und sich nicht an anderer Stelle der Betonfläche absetzen. Bei tiefer reichenden Verschmutzungen muß unter Umständen der gesamte verschmutzte Beton abgetragen werden.

Ungeschalte Betonflächen dürfen nur mit einer Latte abgezogen oder mit einem Brett abgerieben, nicht aber geglättet oder gepudert werden. Erhärtete, glatte Betonflächen, wie sie z. B. bei Verwendung von Stahlschalung und kunststoffbeschichteter Schalung entstehen, müssen aufgerauht werden. Bewährt hat sich Aufrauhen durch Sandstrahlen. Soll die Betonfläche mit verdünnter Phosphorsäure (Verdünnung 1 : 10 bis 1 : 5) bzw. ähnlich wirkenden Mitteln aufgerauht werden, so muß sie vor der Säurebehandlung kräftig angenäßt und nach der Säurebehandlung gründlich mit Wasser abgespült werden.

Flächen von Spannbetonbauwerken dürfen generell nicht mit Säure behandelt werden.

Der Beton muß beim Aufbringen des Schutzüberzuges in der äußeren Zone lufttrocken sein. Es genügt nicht, wenn nur die Oberfläche kurzzeitig abgetrocknet ist. Im allgemeinen reichen 4 bis 5 Tage Einwirkung trockener Luft vor dem Auftragen des Schutzüberzuges aus.

Unebenheiten in der Betonfläche, die das Aufbringen eines geschlossenen Schutzüberzuges in Frage stellen, müssen beseitigt werden, z. B. durch Ausgleich von Vertiefungen, Abarbeiten von Graten.

Die Hinweise der Hersteller der Schutzüberzugsstoffe sind zu beachten. Vor dem Aufbringen des Schutzüberzuges muß die Eignung der Betonfläche zum Beschichten von dem Ausführenden, der den Schutzüberzug aufbringen soll, bestätigt werden.

4. Anforderungen an Schutzüberzüge

Für Schutzüberzüge kommen bituminöse Stoffe und Stoffe auf Kunststoffbasis ohne und mit Füllstoff sowie mit und ohne Verstärkungsmaterial (wie z. B. Fasern) in Frage.

Die Schutzüberzüge müssen folgenden Forderungen genügen:

Sie müssen gut haften sowie rißfrei und undurchlässig gegen betonangreifende Stoffe sein. Sie müssen gegen alle voraussehbaren Einwirkungen, wie z. B. gegen mechanische, thermische und chemische Einwirkungen sowie gegen alkalische Einwirkung des Betons, und gegen die in den berührenden Stoffen auftretenden Mikroorganismen ausreichend widerstandsfähig sein.

Die Schutzüberzüge und ihre Haftung am Untergrund dürfen durch Feuchtigkeit, wechselweise Befeuchtung und Trocknung sowie durch die Einwirkung von Luft und Licht innerhalb der vereinbarten Zeit nicht in schädlichem Maße nachteilig verändert werden; die Schutzüberzüge dürfen auch nicht in schädlichem Maße schrumpfen oder quellen.

Schutzüberzüge müssen die unvermeidlichen Verformungen der Bauteile bzw. die durch diese Verformungen im Schutzüberzug entstehenden Spannungen ohne Schaden aufnehmen können. Bei Stahlbetonbauteilen müssen sie feine Risse bis etwa 0,2 mm Rißweite überbrücken können. Überzüge mit größerem Verformungsvermögen erreicht man z. B. durch geeignete Bindemittelkombinationen (z. B. Epoxidharz-Teer), gegebenenfalls in Verbindung mit Faserverstärkung (Mineral-, Glas-, Kunststoff-Fasern).

Schutzüberzüge, die mit Nahrungs- oder Genußmitteln und mit Futtermitteln (z. B. in Silos oder Ställen) oder mit Trinkwasser in Berührung kommen, dürfen keine für Mensch und Tier gesundheitsschädigenden Bestandteile abgeben und den Geschmack und die Haltbarkeit nicht beeinträchtigen. Die Bestimmungen des Lebensmittelgesetzes sind zu beachten. Der Verarbeiter sollte sich die Eignung der Schutzüberzugsstoffe für den vorgesehenen Verwendungszweck vom Hersteller bestätigen lassen.

5. Aufbringen des Schutzüberzuges

Beim Aufbringen des Schutzüberzuges ist darauf zu achten, daß überall die Mindestschichtdicke (siehe Abschnitt 5.2) erreicht wird und daß der Schutzüberzug auch möglichst gleichmäßig dick ist. Bei zu geringer Schichtdicke können auch bei üblicher Rauhigkeit der Betonfläche verstehende Stellen ohne Überzug bleiben und Ausgangspunkte für spätere Schäden sein. Bei mehrschichtigem Aufbau sollen die einzelnen Schichten im Farbton verschieden sein.

5.1 Arten des Aufbringens

Schutzüberzüge aus Kunststoffen und alle Grundierungen werden im allgemeinen im Kaltverfahren aufgebracht. Bituminöse Stoffe werden als Lösungen und Emulsionen kalt, sonst heiß verarbeitet. Je nach Auftragsart und erforderlicher Dicke des Schutzüberzuges kann eine unterschiedliche Anzahl von Schichten erforderlich werden. Ein mehrschichtiger Aufbau ist zweckmäßig. Dispersionen und lösungsmittelhaltige Stoffe müssen im allgemeinen in mehreren Schichten aufgetragen werden.

Die Wahl der Auftragsart, die Dicke und Anzahl der Schichten sowie die Beschaffenheit der verarbeitungsfähigen Masse müssen, unter Berücksichtigung der Beschaffenheit des Untergrundes und der Form und Lage der zu beschichtenden Flächen, aufeinander abgestimmt werden. Über die zeitliche Folge des Aufbringens der einzelnen Schichten siehe Abschnitt 5.3.

Bei stark saugendem Untergrund oder bei nicht genügender Benetzung des Untergrundes durch den Schutzüberzugsstoff (wenn z. B. flüssige Massen aufgebracht werden sollen) ist vor dem Auftragen des eigentlichen Schutzüberzuges eine Grundierung erforderlich. Dabei wird eine dünnflüssige Masse, die auf die zu schützende Betonfläche aufgebracht. Falls entsprechend den Empfehlungen des Herstellers eine Bearbeitung der Grundierung erforderlich ist, müssen die Sandkörner genügend haften und an der Oberfläche anstehen, um eine rauhe Textur abzurgeben. Lose Sandkörner müssen vor dem Aufbringen weiterer Schichten abgebürstet werden.

Beim Streichen und Spritzen können dünnflüssige bis dickflüssige Gemische verwendet werden. Streichfähige Massen können lösungsmittelfrei oder lösungsmittelhaltig sein und gefüllt oder ungefüllt verarbeitet werden. Beim Streichen sollen die Anstrichstoffe in den Untergrund eingerieben werden. Der erste Auftrag wird zweckmäßigerweise eingebürstet, gespritzt oder gestrichen. Wenn große Flächen zu überziehen sind, können alle weiteren Schichten auch durch Rollen oder Spritzen aufgebracht werden. Hierzu werden im allgemeinen dünnflüssige Gemische benutzt.

Tauchen (für Betonwaren) erfordert im allgemeinen ungefüllte, dünnflüssige Gemische. Mehrmaliges Tauchen ist erforderlich, um mit Sicherheit Fehlstellen im Schutzüberzug (Luftblasen, nicht benetzte Stellen) zu vermeiden.

Spachteln erfordert je nach der Neigung der zu beschichtenden Fläche mehr oder weniger thixotrope Gemische. Meist werden gefüllte Stoffe verarbeitet.

5.2 Schichtdicke

Die erforderliche Schichtdicke ist abhängig von der Beanspruchung des Schutzüberzuges. Bei sehr starken chemischen Angriffen nach DIN 4030 gelten für die Schichtdicke (Trockenschichtdicke) je nach Stoffart etwa folgende Richtwerte:

ohne mechanische Beanspruchung	mind. 0,2 mm
leichte bis mittlere mechanische Beanspruchung	1 bis 3 mm
schwerere mechanische Beanspruchung	mind. 3 mm

Bei gefüllten Stoffen darf der Durchmesser des Größtkorns nicht größer als die halbe Schichtdicke sein.

Bei einem einmaligen Auftrag an vertikalen Flächen und über Kopf können maximal etwa folgende Trockenschichtdicken erreicht werden:

Streichen, Rollen	bis 0,2 mm
Spritzen	bis 1 mm
Spachteln	bis 3 mm

Auf Bodenflächen lassen sich bei einmaligem Auftrag größere Schichtdicken erzielen.

Im allgemeinen sind bei sehr starken chemischen Angriffen nach DIN 4030 (Grundierung nicht eingerechnet) je nach Material etwa erforderlich:

Streichen, Rollen	mind. 3 Schichten
Spritzen, dünnflüssig	mind. 3 Schichten
Spritzen, dickflüssig	mind. 1 Schicht
Spachteln	mind. 1 Schicht

Ein mehrlagiger Auftrag ist vorzuziehen.

5.3 Verarbeitungszeit

Die Verarbeitungszeiten (Topfzeiten) und die Zeiten bis zur ausreichenden Trocknung bzw. Aushärtung und bis zur ersten möglichen Beanspruchung sind je nach Art und Zusammensetzung des Gemisches und der Temperatur unterschiedlich. Deshalb sind die Hinweise der Hersteller genau zu beachten. Dies gilt insbesondere für die Topfzeit sowie für die Wartezeiten zwischen dem Aufbringen der einzelnen Schichten.

5.4 Temperatur, Witterungsbedingungen und Luftverunreinigungen

Maßgebend für den zeitlichen Ablauf der Erhärtung sind die Temperatur des Schutzüberzugsstoffes sowie die Temperatur des Untergrundes und der umgebenden Luft.

Heiß verarbeitete bituminöse Stoffe werden bei Abkühlung fest. Die Erhärtung kalt verarbeitbarer Stoffe wird durch Wärmezufuhr beschleunigt.

Bei Reaktionsharzen werden Trocknung und Aushärtung durch Wärme beschleunigt, durch Kälte verzögert. Die verarbeitungstemperatur liegt zweckmäßigerweise zwischen 15 und 20 °C. Die Temperatur der umgebenen Luft und der zu beschichtenden Betonfläche soll im allgemeinen bei ungesättigten Polyesterharz 15 °C, bei Epoxidharz 10 °C und bei Polyurethanharz 5 °C nicht unterschreiten.

Schutzüberzüge können vor der völligen Aushärtung empfindlich gegenüber Feuchtigkeit sein. Daher müssen die zu beschichtenden Flächen während des Beschichtens und bis zur Aushärtung vor Feuchtigkeitszutritt, wie z. B. Niederschlägen und Kondensfeuchtigkeit, geschützt werden.

Frisch aufgetragene Schutzüberzüge sind außerdem vor extremen Temperaturen (direkter Sonneneinstrahlung, Frost), vor Wind und Zugluft sowie vor Luftverunreinigungen (Staub, Chemikalien usw.) zu schützen.

6. Ausbildung von Fugen und Rändern

Schutzüberzüge über Kanten und Kehlen sowie an Rändern und Fugen sind mit besonderer Sorgfalt aufzubringen.

6.1 Allgemeines; konstruktive Hinweise

Fugen im Schutzüberzug sind in der Regel überall dort vorzusehen, wo auch Fugen im Bauwerk vorhanden sind. Fehlende oder falsch angeordnete Fugen sowie mangelhafte Fugenausbildung oder mit der Zeit undicht werdende Fugen können den Wert des gesamten Schutzüberzuges in Frage stellen. Konstruktiv schwierige Fugenausbildungen (z. B. Kreuzungen) sollen, soweit möglich, vermieden werden.

Fugen sind so anzuordnen und auszubilden, daß Schutzüberzug und Fugendichtungsmasse die Fuge überbrücken können. Die erforderliche Fugenbreite richtet sich nach den Bauwerksabmessungen, den zu erwartenden Bewegungen des Bauwerks und den damit verbundenen Formänderungen. Die Fugen sollen so breit sein, daß die Dehnung der Fugendichtungsmasse bzw. des Fuge überbrückenden Schutzüberzuges kleiner als 10 %, bezogen auf die Ausgangsfugenbreite, bleibt, daß die Fuge einwandfrei gesäubert und daß die Fugendichtungsmasse fehlerfrei eingebracht werden kann [3]).

Können niedrige Temperaturen auftreten, so ist zu berücksichtigen, daß die Fugendichtungsmassen dabei weniger verformbar sind und einen größeren E-Modul aufweisen.

Darüber hinaus sind für Fugenausbildung und Einbringen der Fugendichtungsmassen die „Empfehlungen für die konstruktive Gestaltung der Fugenränder und für das Einbringen der Fugenmasse" (Fassung April 1968), aufgestellt vom Arbeitskreis „Fugenmassen" des Deutschen Beton-Vereins, zu beachten [4]).

6.2 Anforderungen an Fugendichtungen

Plastisch oder elastisch verformbare Fugendichtungsmassen müssen an den Fugenflanken haften; ihre Haftung muß so groß sein, daß sie sich bei den auftretenden Bewegungen nicht lösen können.

Elastische Dichtungsprofile müssen mit ausreichender Vorspannung eingebracht werden, so daß sie ständig an die Fugenwände angepreßt werden. Zur Erzielung einer zuverlässigen Abdichtung ist es im allgemeinen erforderlich, sie mit den vorher beschichteten Fugenwänden zu verkleben.

Bei nicht geklebten elastischen Dichtungsprofilen muß der Anpreßdruck an die Fugenwände stets so groß sein, daß die Fuge dauernd dicht ist. Gegebenenfalls sind zu rauhe Fugenwände zu glätten.

6.3 Stoffe für Fugendichtungen

Die Stoffe für Fugendichtungen (Fugenmassen, Dichtungsprofile, Fugenbänder) müssen den Anforderungen an Schutzüberzüge (siehe Abschnitt 4) entsprechen und mit dem Schutzüberzugsstoff verträglich sein. Darüber hinaus sollen Fugendichtungsmassen den „Vorläufigen Richtlinien für die Prüfung von Fugenmassen im Betonfertigteilbau" (Fassung Juni 1967), aufgestellt vom Arbeitskreis „Fugenmassen" des Deutschen Beton-Vereins, entsprechen [5]). Wird zwischen Schutzüberzug und Fugendichtungsmasse Haftvermittler verwendet, so müssen die vorgenannten Anforderungen erfüllen und auf Schutzüberzug und Fugendichtungsmasse abgestimmt sein. Die in Abschnitt 6.1 geforderte Dehnung von mindestens 10 % muß auch nach langer Einwirkungsdauer der angreifenden Stoffe gegeben sein.

Rohstoffe für Fugendichtungsmassen sind z. B.:

Acrylatharz, Butylkautschuk, Polysulfid, Polyurethan, Polyisobutylen, Silikonkautschuk sowie Kombinationen mehrerer Stoffe (Epoxidharz-Teer, Butylkautschuk-Bitumen usw.).

Fugenbänder und Dichtungsprofile können u. a. bestehen aus:

Naturkautschuk, Polyvinylchlorid mit monomeren oder polymeren Weichmachern, Polyisobutylen, Polychloropren.

---

³) Richtwerte für die Fugenabmessungen siehe DIN 18 540 — Abdichtung von Außenwandfugen zwischen Beton- und Stahlbetonfertigteilen im Hochbau mit Fugendichtungsmassen.

⁴) Veröffentlicht in Beton- und Stahlbetonbau 63 (1968) H. 7, S. 157/159.

⁵) Veröffentlicht in Beton- und Stahlbetonbau 62 (1967) H. 9, S. 210/212.

6.4 Ausführung und Beispiele

Beim Einbringen der Fugendichtungsmasse bzw. des Dichtungsprofils müssen die Fugen sauber und trocken sein. Die gegebenenfalls erforderliche Reinigung richtet sich nach der Verschmutzungsart (siehe Abschnitt 3).

Fugenausbildungen nach den Bildern 1 bis 3 können als Regelfälle angesehen werden.

Bei den Ausführungsarten nach Bild 1 und Bild 2 wird zunächst der Schutzüberzug in die Fuge hineingezogen. Als Hinterfüllmaterial wird zweckmäßigerweise ein Rundprofil aus Kunststoffschaum verwendet. Es empfiehlt sich, vor dem Einbringen der Fugendichtungsmasse eine Trennlage, z. B. einen Streifen Polyäthylenfolie, einzulegen oder andere geeignete Maßnahmen vor-

zusehen, damit die Fugendichtungsmasse sich ungehindert verformen kann [3]).

Wenn nur geringe Dehnungen zu erwarten sind, wie z. B. bei Arbeitsfugen, kann es bei geringer mechanischer Belastung ausreichend sein, im Bereich der Fuge die Haftung eines gegebenenfalls faserverstärkten Schutzüberzuges am Untergrund durch Einbringen einer Zwischenlage, z. B. einer Folie aus PVC oder Polyäthylen, zu unterbrechen. Die Breite des Bereiches, in dem die Haftung unterbrochen wird, ist abhängig von den Bewegungen der Fuge und soll wenigstens 10 cm betragen (Bild 3).

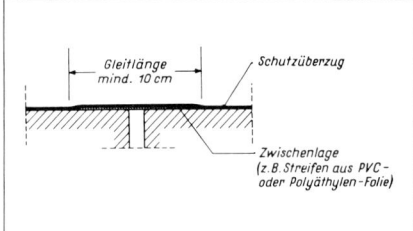

Bild 3 Vom Schutzüberzug überbrückte Fuge

Fugenkreuzungen sind nach Möglichkeit zu vermeiden. Unvermeidbare Fugenkreuzungen sollten möglichst rechtwinklig angeordnet werden. Die Fugenbänder müssen aus verschweißbarem Material bestehen und an Kreuzungspunkten miteinander verschweißt werden.

6.5 Ränder von Schutzüberzügen (Wandanschlüsse)

Bei Wandanschlüssen muß der Schutzüberzug genügend hoch über den gefährdeten Bereich hinausgeführt werden. Er kann entweder in einen Schlitz in der Wand einbinden (Bild 4 a) oder durch eine Verwahrung, z. B. aus PVC-hart, überdeckt werden (Bild 4 b).

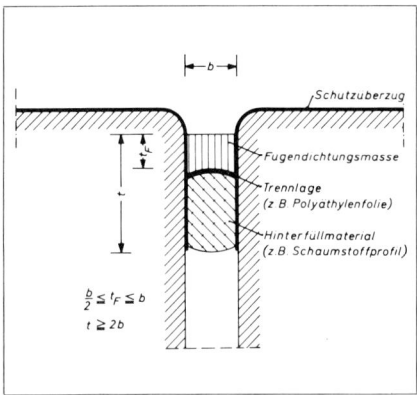

Bild 1 Fuge ohne Fugenband (Schutzüberzug unterbrochen)

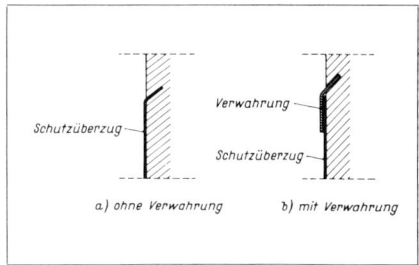

Bild 4 Wandanschlüsse

7. Eigenschaften der Stoffgruppen

Tafel 1 enthält Richtwerte für das Verhalten der wichtigsten für Schutzüberzüge auf Beton geeigneten Stoffe. Wegen des teilweise sehr unterschiedlichen Verhaltens auch innerhalb einer Stoffgruppe können diese Richtwerte jedoch nicht auf den Einzelfall übertragen werden, sondern nur als Anhalt für die allgemeine Beurteilung der Stoffgruppe dienen. So ist z. B. die Widerstandsfähigkeit der Kunststoff-(Polymerisat-)Dispersionen u. a. abhängig von Art und Menge der Comonomeren und die Widerstandsfähigkeit der Reaktionsharze mit Teerpech vom Gehalt an Teerpech.

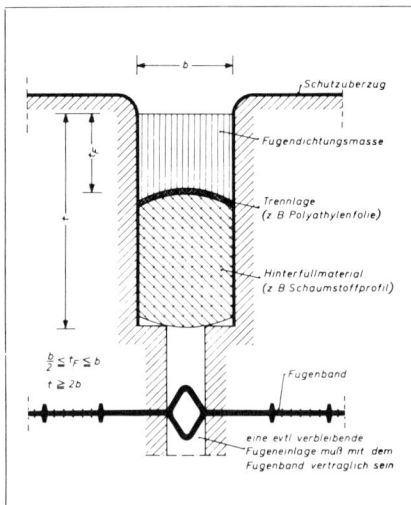

Bild 2 Fuge mit Fugenband (Schutzüberzug unterbrochen)

Tafel 1 Richtwerte für Widerstandsmerkmale ausgehärteter Schutzüberzugsstoffe¹)

Zur Kennzeichnung der Schutzüberzugsstoffe enthält die Tafel auch Stoffe, die nicht Beton, wohl aber bestimmte Schutzüberzugsstoffe angreifen

Zeichenerklärung + widerstandsfähig, (+) bedingt widerstandsfähig, – nicht widerstandsfähig

a	b	c	d	e	f	g	h	i	k	l	m	n	o	p	q
		Bituminöse Stoffe²)		Schutzüberzugsstoffe											
				Kunstharz-(Polymerisat-) Lacke			Kunststoff-(Polymerisat-) Dispersionen				Reaktionsharze			Reaktionsharze mit Teerpech	
	Einwirkende Stoffe	Bitumen	Teerpech	Chlor-kautschuk	Vinyl-chlorid-Copoly-merisat	Chlorsulfoniertes Polyäthylen (CSP)	Polyvinyl-idenchlorid (PVDC)	Vinyl-chlorid-Copoly-merisat	Styrol-Copoly-merisat	Acrylat- und Meth-acrylat-Copoly-merisat	Ungesättigtes Polyester-harz (UP)	Epoxid-harz (EP)	Poly-urethan-harz (PU)	Epoxid-harz	Poly-urethan-harz
	Gruppe / Art														
1	Wasser bis 30 °C, Moorwasser, aggressives CO₂-, Sulfatlösungen, Tausalzlösungen	+	+	+	+	+	+	+	+	+	+	+	+	+	+
2	Wasser von 30 °C bis 60 °C	+	+	+	(+)	+	(+)	(+)	(+)	+	+	+	+	+	+
3	Ammoniumsalzlösungen	+	+	+	+	(+)	(+)	(+)	(+)	(+)	+	+	+	+	+
4	Verdünnte Mineralsäuren (bis pH = 2)	+	+	(+)	(+)	+	+	(+)	(+)	(+)	+	(+)	(+)	+	+
5	Konzentrierte Mineralsäuren	–	(–)	(+)	–	+	(+)	–	–	–	+	–	–	(+)	–
6	Niedere organische Säuren	(+)	(+)	(+)	(+)	(+)	+	–	(+)	(+)	(+)	(+)	(+)	(+)	(+)
7	Fettsäuren	–	–	(+)	+	(+)	(+)	+	+	+	+	+	+	+	+
8	Ammoniakwasser	+	+	+	+	(+)	(+)	+	+	+	(+)	+	+	+	+
9	Verdünnte Laugen (bis pH = 13)	+	(+)	+	+	(+)	+	+	+	+	(+)	+	(+)	+	(+)
10	Konzentrierte Laugen	–	–	(+)	+	+	+	–	(+)	–	(+)	+	+	+	–
11	Pflanzliche und tierische Fette und Öle	–	–	–	+	–	+	+	+	+	+	+	+	+	+
12	Schmieröle	–	(+)	+	(+)	+	+	(+)	+	+	+	+	+	+	+
13	Heizöle³)	–	–	(+)	+	–	+	+	+	+	+	+	+	+	+
14	Benzinkohlenwasserstoffe	–	–	+	(+)	+	+	–	(+)	+	+	+	+	(+)	(+)
15	Benzolkohlenwasserstoffe	–	–	(+)	–	–	–	–	–	–	(+)	+	–	–	–
16	Schwere Teeröle	–	–	–	–	(+)	–	–	–	–	–	–	–	–	–
17	Mechanische Beanspruchung	–	–	(+)	(+)	(+)	(+)	(+)	(+)	(+)	+	+	+	(+)	(+)

¹) bei gleichzeitiger UV-Einstrahlung (Freibewitterung) teilweise anstelle von widerstandsfähig nur bedingt widerstandsfähig
²) bei gleichzeitiger UV-Einstrahlung (Freibewitterung) Mindestschichtdicke 0,5 mm
³) Schutzüberzugsstoffe, die für den Innenschutz von Auffangbehältern für Heizöl verwendet werden sollen, bedürfen der Zulassung des Prüfausschusses für Sicherungsgegenstände bei der Lagerung grundwasserschädigender Flüssigkeiten beim Institut für Bautechnik in Berlin

133

Unter die einwirkenden Stoffe wurden auch solche Stoffe mit aufgenommen, die nicht Beton, wohl aber bestimmte Schutzüberzugsstoffe angreifen. Die Beurteilung bezieht sich auf sachgerecht verarbeitete, dichte Schutzüberzüge. Für die Auswahl der für einen Schutzüberzug in Frage kommenden Stoffgruppen müssen Durchschnitts- und Höchstkonzentrationen der einwirkenden Stoffe sowie Einwirkungsdauer und Einwirkungstemperatur berücksichtigt werden. Werden Stoffe verschiedener Zusammensetzung gleichzeitig verwendet, so ist ihre Verträglichkeit zu überprüfen.

Da innerhalb jeder Stoffgruppe je nach Zusammensetzung, Art und Menge der Roh- und Zusatzstoffe beträchtliche Unterschiede in der Widerstandsfähigkeit der Schutzüberzüge bestehen können, ist es notwendig, sich für einen bestimmten Anwendungsfall die ausreichende Widerstandsfähigkeit des gewählten Schutzüberzuges vom Hersteller bestätigen zu lassen.

Weitere Hinweise über die Eigenschaften der Schutzüberzugsstoffe siehe VDI-Richtlinien 2531, 2535 und 2536 sowie Arbeitsblatt K 10 der Arbeitsgemeinschaft Industriebau.

8. Prüfung der Schutzüberzugsstoffe und der Fugendichtungsmassen

Vor und während des Aufbringens des Schutzüberzuges können die Festigkeit, die Wasserundurchlässigkeit, die Haftung und die Rißüberbrückung des Schutzüberzugsstoffes gemäß den „Richtlinien für die mechanische Prüfung von Kunststoffen, die auf der Baustelle erhärten" (Ausgabe Juni 1962)[6] an gesondert hergestellten Beton-Probekörpern geprüft werden.

Die Dichtigkeit fertiggestellter Schutzüberzüge kann durch Abfunken geprüft werden[7]. Zwischen Betonoberfläche und Prüf-

---

[6] Veröffentlicht in Betonstein-Zeitung 29 (1963) H. 2, S. 80/82.

[7] Siehe dazu auch VDI-Richtlinie 2539, Abschnitt 3.3.1.

[8] Die einschlägigen Merkblätter der Berufsgenossenschaft der Chemischen Industrie können vom Verlag Chemie, Weinheim/Bergstraße, bezogen werden.

elektrode herrscht eine so hohe Spannung, daß an undichten Stellen, Poren und Rissen ein Durchschlag erfolgt. Der Beton darf nicht zu trocken sein, damit er noch genügend elektrisch leitet. Die Schutzschicht selbst muß elektrisch nichtleitend sein, und ihre elektrische Durchschlagfestigkeit muß höher als die der Luft sein. Die Höhe der Prüfspannung richtet sich nach der Dicke des Schutzüberzuges. In den meisten Fällen genügen Spannungen in kV, die zahlenmäßig das fünffache der (mittleren) Schichtdicke in mm betragen.

Für die Prüfung der Fugendichtungsmassen sind die „Vorläufigen Richtlinien für die Prüfung von Fugenmassen im Betonfertigteilbau" (Fassung Juni 1967) zu beachten[3].

9. Gesundheitsschutz

Bei der Verarbeitung sind die Anweisungen der Rohstoffhersteller sowie der Hersteller der Schutzüberzugsstoffe und die entsprechenden Vorschriften der Berufsgenossenschaften[8] zu beachten, u. a.:

„Merkblatt über den Umgang mit Lösungsmitteln", Berufsgenossenschaft der Chemischen Industrie, Bestell-Nr. A 1,

„Merkblatt für die Arbeit in Lack- und Farbenfabriken", Berufsgenossenschaft der Chemischen Industrie, Bestell-Nr. A 2,

„Merkblatt für die Verarbeitung von Polyester- und Epoxidharzen", Berufsgenossenschaft der Chemischen Industrie, Bestell-Nr. A 6,

„Merkblatt Organische Peroxide", Berufsgenossenschaft der Chemischen Industrie, Bestell-Nr. F 6.

Der Gebrauch von Schutzbrille und Gummihandschuhen (evtl. „flüssiger Handschuh", Einreiben der Hände mit filmbildendem Material, das nach Beendigung der Arbeit mit Wasser entfernt wird) ist vorgeschrieben. Rauchen sowie Umgang mit offenem Feuer oder Licht sind im allgemeinen verboten. Dämpfe von Schutzüberzugsstoffen, die schwerer als Luft sind, müssen, besonders in geschlossenen Räumen, in Bodennähe abgesaugt werden. In beengten Arbeitsräumen, z. B. Behältern, muß unter Frischluftmaske gearbeitet werden.

Vorläufiges Merkblatt für Anstriche auf Beton von Wasser-Sammelanlagen

(Fassung April 1980)

Vorwort

Der Arbeitskreis ,,Beton und Kunststoff'' des Vereins Deutscher Zementwerke hat in den letzten Jahren die Neufassung des ,,Merkblatts für Schutzüberzüge auf Beton bei sehr starken Angriffen nach DIN 4030'' und das ,,Vorläufige Merkblatt für Anstriche auf Beton'' erarbeitet. Bereits bei der Bearbeitung des letzteren Merkblatts, das in erster Linie für Anstriche aus gestalterischen und ästhetischen Gründen vorgesehen ist, erschien es zweckmäßig, Hinweise und Anleitungen für Anstriche bei einer ständigen Wassereinwirkung niederzulegen. Das nunmehr vom Arbeitskreis aufgestellte Merkblatt enthält Anstriche für Betonbauteile von Wasser-Sammelanlagen, z. B. Wasserbehälter und Schwimmbäder, die einer dauernden Einwirkung von chemisch nicht sehr stark angreifenden Wässern ausgesetzt sind.

An dem Merkblatt haben mitgearbeitet die Herren: Ing. (grad.) A. Erhard, BASF, Ludwigshafen; W. Hauptmann, Lechler Chemie, Stuttgart; Dr. M. Kaempffer, ZEMLABOR, Beckum; Dipl.-Ing. E. Krumm, Forschungsinstitut der Zementindustrie, Düsseldorf; Dipl.-Ing. H. Melcher, Bauberatung Zement, Berlin; Ing. (grad.) U. Norweg, Bundesbahn-Zentralamt, München; Ing. (grad.) Chr. Pruzina, Dyckerhoff Zementwerke, Wiesbaden; Dr.-Ing. H.-G. Smolczyk, Forschungsgemeinschaft Eisenhüttenschlacken, Duisburg; Dr. H. Steinegger (Leiter des Arbeitskreises), Heidelberger Zement Aktiengesellschaft, Leimen; Ing. (grad.) H. Teichmann, BASF, Ludwigshafen.

Das Vorläufige Merkblatt soll überarbeitet werden, wenn Erfahrungen bei der Anwendung aus der Praxis oder technische Weiterentwicklungen dies notwendig erscheinen lassen. Es wird gebeten, Stellungnahmen dazu dem Forschungsinstitut der Zementindustrie, Tannenstraße 2, 4000 Düsseldorf 30, zuzuleiten.

1. Allgemeines

Beton, der sachgemäß zusammengesetzt, hergestellt und eingebaut worden ist (siehe DIN 1045 ,,Beton und Stahlbeton; Bemessung und Ausführung''), kann den Einwirkungen von Wässern, sofern sie nicht ,,sehr stark betonangreifend'' nach DIN 4030 ,,Beurteilung betonangreifender Wässer, Böden und Gase'' sind, und den Einwirkungen der Witterung und der Atmosphäre, denen ein Bauwerk üblicherweise ausgesetzt wird, während der gesamten Nutzungsdauer ungeschützt ohne Schaden widerstehen. Trotzdem kann es aus verschiedenen Gründen zweckmäßig sein, Betonbauteile für Wasser-Sammelanlagen mit einem Anstrich zu versehen, z. B. um die Reinigung der Oberflächen zu erleichtern und die Anlagerung von Schwebstoffen, Wasserpflanzen und Kleinlebewesen zu erschweren. Unter Wasser-Sammelanlagen werden z. B. Trinkwasseranlagen und -behälter, Schwimmbäder, Kläranlagen, Industriewasser-Sammelbehälter und Kühlturmtassen sowie zugehörige Gerinne verstanden. Diese Anlagen können je nach Anwendungsfall mit sehr unterschiedlichen Wässern in Berührung kommen. Das vorliegende Merkblatt enthält Hinweise und Anleitungen für dabei geeignete Anstriche auf Beton.

Ist der Beton längere Zeit ,,sehr starken'' chemischen Angriffen nach DIN 4030 ausgesetzt, so benötigt er einen Schutzüberzug. Näheres darüber enthält das ,,Merkblatt für Schutzüberzüge auf Beton bei sehr starken Angriffen nach DIN 4030'' [1]. Sollen Betonflächen von Hochbauten in erster Linie aus gestalterischen Gründen mit einem Anstrich versehen werden, so kann das ,,Vorläufige Merkblatt für Anstriche auf Beton'' [2] zugrunde gelegt werden.

2. Ausführung der Bauwerke

Für Zusammensetzung, Herstellung und Einbau des Betons sind DIN 1045 und gegebenenfalls andere Betonbestimmungen zu beachten. Der Beton ist wasserundurchlässig nach DIN 1045, Abschnitt 6.5.7.2, herzustellen. Werden die Bauteile auch anderen besonderen Beanspruchungen ausgesetzt, z. B. häufigen Frost-Tau-Wechseln oder Einwirkungen von chemischen Angriffen, so sind entsprechende Anforderungen zu erfüllen, siehe DIN 1045, Abschnitt 6.5.7.

Um das Auftreten von Rissen einzuschränken, sollen nichtvorgespannte Bauteile möglichst nach Zustand I unter Beachtung von DIN 1045, Abschnitt 17.6.3, bemessen werden. Kleinere Bauwerke sind möglichst fugenlos auszubilden, bei Bauteilen mit größeren Abmessungen müssen Fugen und Fugendichtungsbänder angeordnet werden. Kanten, Kehlen und Ränder des Bauwerks sollen zur Verminderung der Gefahr der Rißbildung im Anstrich ab- bzw. ausgerundet werden.

Durch bauliche Maßnahmen ist dafür zu sorgen, daß sich kein Dampfdruck aufbauen kann und Wasser nicht auf die Rückseite des Anstrichs einwirkt und den Anstrich abdrückt.

3. Oberflächenbeschaffenheit des Betons

Beim Aufbringen des ersten Anstrichs soll der Beton ausreichend erhärtet, die Betonoberflächen sollen sauber sowie rauh oder ausreichend saugfähig sein. Lockere oder wenig feste Teile müssen vor Aufbringen eines Anstrichs entfernt werden. Auf der Betonoberfläche dürfen sich keine die Haftung beeinträchtigenden Stoffe befinden, wie z. B. Rückstände von Trenn- oder Nachbehandlungsmitteln. Daher sollen Betonflächen, für die ein Anstrich vorgesehen ist, möglichst nicht mit Nachbehandlungsmitteln versehen, sondern auf andere Weise nachbehandelt werden.

Betonflächen, die weder rauh noch ausreichend saugfähig sind, müssen zur Erzielung einer guten Haftung aufgerauht werden. Dies ist in der Regel erforderlich bei sehr glatten Betonflächen, wie sie z. B. bei Verwendung von Stahl- oder Kunststoffschalung entstehen. Bei gehobelter Holzschalung kann auf ein Aufrauhen meist verzichtet werden, bei rauher Holzschalung ist es nicht erforderlich.

Mit dem Aufrauhen ist im allgemeinen eine Reinigung der Oberflächen verbunden. Bei Betonflächen, die nicht aufgerauht werden, ist eine gesonderte Reinigung dann erforderlich, wenn sich an der Betonfläche Rückstände von Trenn- oder Nachbehandlungsmitteln aufweist oder anderweitig verschmutzt ist. In Zweifelsfällen sollte die Auskunft des Anstrichmittel-Verarbeiters oder nötigenfalls des Anstrichmittel-Herstellers eingeholt werden.

In jedem Fall sollte die Betonoberfläche mechanisch vorgereinigt werden, z. B. mit Besen, Bürsten oder Druckluft.

Das Aufrauhen kann erfolgen durch Sandstrahlen mit nachfolgender Entstaubung oder durch eine Säurebehandlung, z. B. mit verdünnter Phosphorsäure (Verdünnung 1 : 10 bis 1 : 5).

Eine Reinigung ist möglich z. B. durch lösende Mittel oder durch Tenside. Auch die für das Aufrauhen genannten Verfahren des Sandstrahlens oder der Säurebehandlung eignen sich zur Reinigung der Oberflächen. Bei Anwendung von lösenden Mitteln oder von Säuren muß die Betonoberfläche vorher kräftig angenäßt werden, bei organischen Lösungsmitteln soll sie jedoch trocken sein. Nachher muß die Betonoberfläche stets gründlich mit Wasser abgespült werden.

Für Spannbetontragwerke ist eine Säurebehandlung nicht zulässig.

Fugen müssen sauber und trocken sein. Sie werden in der Regel mit einer rotierenden Fugenbürste gereinigt, anschließend sind sie mit Druckluft von Staub und losen Teilen zu befreien.

Die in diesem Merkblatt behandelten Anstriche erfordern im Regelfall einen bis zum Aufbringen gut ausgetrockneten und beim Aufbringen oberflächentrockenen Betonuntergrund. Der Feuchtigkeitsgehalt in der äußeren Schicht soll in der Regel etwa 4 Gew.-% nicht überschreiten. Er sollte im Zweifelsfall z. B. mit dem CM-Gerät beurteilt werden (vgl. Abschnitt 9). Bei zementgebundenen Anstrichen soll die Oberfläche mattfeucht sein.

Werden die Betonflächen erst später, z. B. wenn das Bauwerk schon genutzt wurde, mit einem Anstrich versehen und muß mit einem durchfeuchteten Untergrund gerechnet werden, so kommen hierfür nur Anstrichstoffe auf organischer Basis in besonderen Formulierungen oder zementgebundene Anstrichstoffe in Betracht. Anderenfalls muß durch geeignete Belüftungsgeräte eine Trocknung des Untergrunds herbeigeführt werden.

Entsprechendes gilt auch beim Überstreichen und Erneuern von Anstrichen (vgl. Abschnitt 8).

4. Anforderungen an die Anstriche

Die Anstriche sollen möglichst dauerhaft sein und müssen folgenden allgemeinen Anforderungen genügen:

– Beständigkeit gegen alkalische Einwirkungen aus dem Beton (Verseifungswiderstand)

– gute Haftung auf Beton und guter Verbund sowie gute Verträglichkeit innerhalb des Anstrichsystems

– Wasserundurchlässigkeit

– Beständigkeit gegen die jeweils einwirkenden Wässer und Widerstandsfähigkeit gegen im Wasser auftretende Mikroorganismen und gegen die dem Wasser evtl. zugesetzten Chemikalien, z. B. Oxidationsmittel

– Beständigkeit gegen atmosphärische Einflüsse, insbesondere Unempfindlichkeit gegen wechselweise Befeuchtung und Trocknung

– geringe Wasseraufnahme und geringe Neigung zum Quellen

– geringe Neigung zu Verschmutzung.

Darüber hinaus können folgende Anforderungen von Bedeutung sein:

– Überstreichbarkeit mit dem gleichen oder einem anderen geeigneten Anstrichmittel

– Beständigkeit gegen mechanische Beanspruchung, insbesondere gegen mechanische Reinigung

– Licht(UV)-Beständigkeit

– in Ausnahmefällen Möglichkeit des Aufbringens auf feuchte Flächen.

An Trinkwasser werden besonders hohe Anforderungen hinsichtlich Reinheit, Haltbarkeit, Geschmack, Temperatur usw. gestellt; als

Tafel 1   Anstrichsysteme

Zeichenerklärung: + gut geeignet,   (+) bedingt geeignet,   – nicht geeignet

		a	b	c	d	e	f
		Physiolog. Eignung für Trinkwasser u. Anwendg. in Wasser-schutzgebiet	Betriebs-wasser[2], Grundwasser, Flußwasser	vollentsalztes Wasser, Meerwasser	häusliches u. ähnliches Abwasser[3]	Überstreich-barkeit mit dem gleichen Anstrichmittel	Licht (UV)-Beständigkeit
				Beständigkeit gegen			
1	Zementgebundene Anstriche	+	(+)[4]	–	–	+	+
2	Bitumen-Lösungen	(+)	+ [5]	(+)	–	+	(+)
3	Teerpech-Lösungen	–	+	(+)	+	+	(+)
4	Teerpech-Chlorkautschuk-Lösungen	–	+	(+)	(+)	+	(+)
5	Teerpech- oder Bitumen-Vinylchlorid-Copolymerisat-Lösungen	–	+	(+)	+	+	(+)
6	Teer- oder Teerpech-Epoxidharz-Kombinationen	–	+	+	+	(+)	(+)
7	Teer-Polyurethan-Kombinationen	–	+	+	+	(+)	(+)
8	Chlorkautschuk-Lösungen	(+)	(+)	(+)	–	+	(+)
9	Vinylchlorid-Copolymerisat-Lösungen	(+)	(+)	(+)	(+)	+	(+)
10	Chlorsulfonierte Polyäthylen-Lösungen	(+)	+ [5]	(+)	(+)	+	(+)
11	Ungesättigte Polyesterharze[1]	(+)	+	+	+	–	(+)
12	Epoxidharze[1]	(+)	+	+	+	–	–
13	Polyurethanharze[1]	(+)	+	+	+	–	(+)[6]

[1] können sowohl lösungsmittelhaltig als auch lösungsmittelfrei verarbeitet werden
[2] siehe DIN 4046 „Wasserversorgung; Fachausdrücke und Begriffserklärungen"
[3] für Industrieabwasser ist je nach Zusammensetzung eine gesonderte Beurteilung notwendig
[4] für Trinkwasser mit mindestens 2,5°d Carbonathärte und anderes nicht betonangreifendes Wasser nach DIN 4030 gut geeignet
[5] für ölverschmutztes Flußwasser nur bedingt geeignet
[6] bei aliphatisch vernetzten Polyurethanen gut geeignet

136

Lebensmittel unterliegt es strengen Schutzbestimmungen. Diese sind bei Anstrichen, die mit Trinkwasser in Berührung kommen, zu beachten.

5. Eigenschaften von Anstrichsystemen

Anstriche können mit Anstrichsystemen nach Tafel 1 hergestellt werden (Hinweise dazu siehe auch DIN 55 945 „Anstrichstoffe und ähnliche Beschichtungsstoffe; Begriffe"). Nicht in jedem Anwendungsfall müssen alle der in Abschnitt 4 gestellten Anforderungen gleichzeitig erfüllt sein.

Tafel 1 enthält Richtangaben für geeignete Anstrichsysteme und ihr Verhalten gegenüber unterschiedlichen Wässern. Für die hier vorgesehenen Anwendungen sind in der Tafel Stoffgruppen mit dem Zeichen „+" geeignet und mit dem Zeichen „(+)" bedingt geeignet. Beide unterscheiden sich im wesentlichen dadurch, daß die Eignung bzw. Beständigkeit von Stoffen mit dem Zeichen „+" ausgeprägter und fast immer gegeben ist, während sie bei Stoffen mit dem Zeichen „(+)" nicht so ausgeprägt und oft auch nur bei bestimmten Formulierungen vorhanden ist. Stoffe mit dem Zeichen „–" sind für die hier vorgesehene Anwendung in der Regel ungeeignet.

Da die Abweichungen von den Kennzeichen der Tafel im Einzelfall möglich sind, sollte sich der Verarbeiter die Eignung eines Anstrichstoffs für den vorgesehenen Verwendungszweck stets vom Hersteller bestätigen lassen.

6. Aufbringen der Anstriche

Während des Aufbringens und der Trocknungszeit des Anstrichs soll die Temperatur der mit dem Anstrich zu versehenden Betonfläche 5 °C nicht unterschreiten und soll kein Regen und keine Bildung von Kondenswasser zu erwarten sein. In den ersten zwei Tagen nach dem Aufbringen soll die Lufttemperatur mindestens 5 °C betragen.

Beim Aufbringen des Anstrichs müssen die Hinweise des Herstellers der Anstrichstoffe hinsichtlich Viskosität, Verarbeitung, Auftragsmenge, Schichtdicke, Temperatur usw. beachtet werden. Der Anstrich soll im allgemeinen aus mindestens zwei Schichten und nur aus aufeinander abgestimmten Materialien des Herstellers bestehen. Er kann durch Rollen, Streichen oder Spritzen aufgebracht werden. Viskosität und Auftragsart müssen so aufeinander abgestimmt werden, daß der Anstrich die Betonfläche gut benetzt und gut in den Untergrund eindringt. In bestimmten Fällen, wie z. B. bei saugendem Untergrund, hat sich ein Auftrag mit Pinsel oder Bürste als zweckmäßig erwiesen. Ist das Anstrichmittel zu hochviskos oder nicht ausreichend verträglich mit dem Untergrund, so ist vorher eine geeignete Grundierung aufzubringen. Die Grundierung darf nicht auf die Anzahl der erforderlichen Schichten angerechnet werden.

Bei mechanischer Beanspruchung des Anstrichs empfiehlt es sich, die Anzahl der Schichten zu erhöhen.

Fugen sollen nicht einfach überstrichen werden, weil dort sonst Schäden an dem Anstrich auftreten können. (Fugenausbildung siehe Abschnitt 7.)

7. Ausbildung von Fugen

Fugen im Anstrich sind in der Regel überall dort vorzusehen, wo auch Fugen im Bauwerk vorhanden sind. Fehlende oder falsch angeordnete Fugen sowie mangelhafte Fugenausbildung können den Wert des gesamten Anstrichs in Frage stellen. Konstruktiv schwierige Fugenausbildungen (z. B. Kreuzungen) sollen möglichst vermieden werden.

Fugen sind so anzuordnen und auszubilden, daß der Anstrich und die Fugendichtungsmasse durch die Bewegungen der Fuge nicht beschädigt werden können. Die erforderliche Fugenbreite richtet sich nach den Bauwerksabmessungen, den zu erwartenden Bewegungen des Bauwerks und den damit verbundenen Formänderungen. Die Fugen sollen so breit sein, daß die Dehnung der Fugendichtungsmasse kleiner als 10 %, bezogen auf die Ausgangsfugenbreite, bleibt und daß die Fuge einwandfrei gesäubert und die Fugendichtungsmasse fehlerfrei eingebracht werden kann[1].

Können niedrige Temperaturen auftreten, so ist zu berücksichtigen, daß die Fugendichtungsmassen dabei weniger verformbar sind und einen größeren E-Modul aufweisen.

Fugenausbildungen nach den Bildern 1 und 2 können als Regelfälle angesehen werden. Dabei wird zunächst der Anstrich in die Fuge hineingezogen. Als Hinterfüllmaterial wird zweckmäßigerweise ein Rundprofil aus geschlossenzelligem Kunststoffschaum verwendet. Es muß mit der Fugendichtungsmasse verträglich sein und darf deren Verformung nicht behindern. Anderenfalls ist vor dem Einbringen der Fugendichtungsmasse eine Trennfolie einzulegen. Die Fugendichtungsmasse muß mit dem Anstrich verträglich sein und eine gute Haftung auf ihm ermöglichen. Es ist empfehlenswert, vor Einbringen der Fugendichtungsmasse den Anstrich im Fugenbereich mit einem auf den Anstrich und die Fugendichtungsmasse abgestimmten Haftvermittler zu überstreichen.

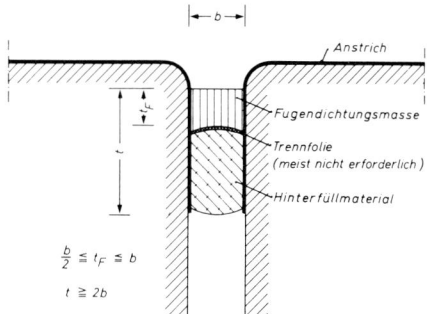

$$\frac{b}{2} \leq t_F \leq b$$

$$t \geq 2b$$

Bild 1 Fuge ohne Fugenband (Anstrich unterbrochen)

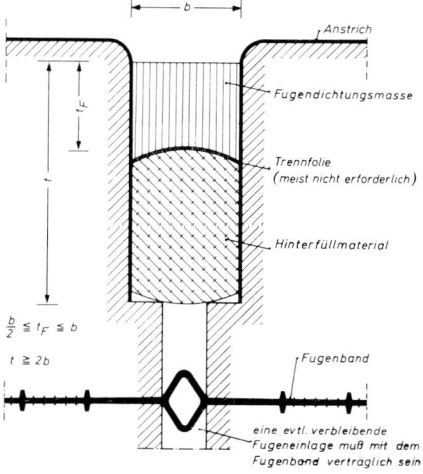

$$\frac{b}{2} \leq t_F \leq b$$

$$t \geq 2b$$

Bild 2 Fuge mit Fugenband (Anstrich unterbrochen)

[1] Siehe auch DIN 18 540 „Abdichten von Außenwandfugen im Hochbau mit Fugendichtungsmassen".

8. Überstreichen bzw. Erneuern der Anstriche

Anstriche im Sinne dieses Merkblatts sind in angemessenen Zeitabständen zu überstreichen bzw. zu erneuern. Je nach Art und Dicke des Anstrichs, nach Art der Beanspruchung und den Anforderungen an das Aussehen ist das in der Regel nach etwa 3 bis 8 Jahren erforderlich.

Zeigt der alte Anstrich größere Schäden, so ist zunächst deren Ursachen nachzugehen. Vor Aufbringen eines neuen Anstrichs muß geprüft werden, ob der alte Anstrich als Träger für den neuen geeignet ist, insbesondere ob er auf dem Betonuntergrund noch fest haftet, oder ob er vollständig entfernt werden muß. Weist der Betonuntergrund lockere, wenig feste oder hohlliegende Stellen auf, so müssen diese Bereiche instandgesetzt und für einen neuen Anstrich nach Anweisung des Anstrichmittel-Verarbeiters bzw. -Herstellers vorbereitet werden.

Kann der alte Anstrich überstrichen werden, ist seine Oberfläche gründlich zu reinigen. Wenn für das Überstreichen ein neuer Anstrich gewählt wird, so muß dieser mit dem alten verträglich sein und gut auf ihm haften. Die Empfehlungen der Hersteller und Verarbeiter von Anstrichstoffen sind zu beachten.

9. Prüfungen

Trennmittelreste auf dem Betonuntergrund sind in vielen Fällen durch eine Benetzungsprobe mit Wasser erkennbar.

Ein Anhalt über die Feuchtigkeit im Bereich der Betonoberfläche kann mit einfachen Verfahren erhalten werden, z. B. durch Auflegen einer Polyäthylenfolie oder Anlegen eines trockenen, saugfähigen Papiers. Genauer ist die Bestimmung nach der sogenannten Calciumcarbid-Methode mit dem CM-Gerät, siehe [3].

Die Eignung des vorgesehenen Anstrichstoffs kann mit Hilfe eines Versuchsanstrichs beurteilt werden, der unter den gleichen Umweltbedingungen auf eine für das Bauwerk repräsentative Fläche von mindestens 1 m² aufgetragen wird. Dabei kann gleichzeitig die Verbrauchsmenge festgestellt werden. Bei Anstrichen auf organischer Basis kann die Haftung des Versuchsanstrichs auf dem Untergrund nach der vom Hersteller angegebenen Trocknungs- bzw. Aushärtungszeit überschläglich durch eine Schnittprobe mit dem Messer und durch Abreißen eines Selbstklebestreifens geprüft werden. Eine genauere Bestimmung der Haftung ist mit einem Abreißgerät möglich, siehe z. B. [4]. Nach weitgehender Trocknung und Aushärtung ist der Versuchsanstrich durch eine visuelle Prüfung auf Mängel, wie z. B. Risse und Poren, zu untersuchen.

10. Gesundheitsschutz

Bei der Verarbeitung der Anstrichstoffe sind die Anweisungen der Hersteller und die entsprechenden Vorschriften der Berufsgenossenschaft zu beachten.

SCHRIFTTUM

[1] Merkblatt für Schutzüberzüge auf Beton bei sehr starken Angriffen nach DIN 4030 (Fassung April 1973). beton 23 (1973) H. 9, S. 399/403; ebenso Betontechnische Berichte 1973, Beton-Verlag, Düsseldorf 1974, S. 125/138.

[2] Vorläufiges Merkblatt für Anstriche auf Beton (Fassung Mai 1974). beton 24 (1974) H. 10, S. 387/388; ebenso Betontechnische Berichte 1974, Beton-Verlag, Düsseldorf 1975, S. 157/162.

[3] Anwendung von Reaktionsharzen im Betonbau. Teil 2: Untergrund; Abschnitt 4.1 (Fassung Mai 1977). Richtlinie des Deutschen Beton-Vereins. Betonwerk + Fertigteil-Technik 43 (1977) H. 9, S. 482/483.

[4] Merkblatt für die Unterhaltung und Instandsetzung von Fahrbahndecken aus Beton (MIB). Teil: Ausbesserung von Oberflächen- und Kantenschäden mit Reaktionsharzmörtel; Abschnitt 9.3 (Ausgabe 1978). Forschungsgesellschaft für das Straßenwesen, Köln.

Merkblatt
Betondeckung

Sicherung der Betondeckung beim Entwerfen, Herstellen und Einbauen der Bewehrung sowie des Betons

(Fassung März 1991)

Herausgeber: Deutscher Beton-Verein E. V. (DBV)
Fachvereinigung Deutscher Betonfertigteilbau e. V. (FDB)

1 Allgemeines

Für den Einbau der Bewehrung und die Betondeckung gilt DIN 1045, Abschnitt 13 [1]. Erläuterungen dazu siehe [2]. Im vorliegenden Merkblatt sind Maßnahmen für den Entwurf und die Herstellung von bewehrten Betonbauteilen zusammengefaßt, durch die sichergestellt werden soll, daß das Mindestmaß min c der Betondeckung, das

- nach DIN 1045 im Hinblick auf den Korrosionsschutz und die Verbundsicherung und
- nach DIN 4102 Teil 4 [3] für den Brandschutz

gefordert wird, im fertigen Bauteil bzw. Bauwerksteil mit ausreichender Zuverlässigkeit eingehalten ist. Damit ist die **Dicke** der Betondeckung angesprochen. Es wird davon ausgegangen, daß diese Betondeckung hinreichend **dicht** ist.

Diese Maßnahmen gelten für den Normalfall im Hoch- und Tiefbau bei den in DIN 1045, Tabelle 10, angegebenen Umweltbedingungen. Bei besonderen Beanspruchungen (z. B. im Brandschutz, bei Bauwerken im technischen Umweltschutz) oder bei hohem Gefährdungspotential können weitergehende Maßnahmen notwendig oder vereinbart werden.

Das Merkblatt enthält einen Hinweis auf Verfahren zur Beurteilung von Betondeckungsmaßen, die am fertigen Bauteil (Bauwerksteil) ermittelt wurden.

Das Merkblatt wurde in Zusammenarbeit mit der Fachvereinigung Deutscher Betonfertigteilbau e. V. (FDB) von dem Arbeitskreis „Betondeckung"*) des Deutschen Beton-Vereins aufgestellt.

---

*) Arbeitskreismitglieder: Dr.-Ing. Dillmann (Obmann), Strabag Bau-AG; Dipl.-Ing. Fiala, Testconsult Ingenieurgesellschaft für Bauwerksprüfung mbH; Dipl.-Ing. Hildebrandt, Hochtief AG; Dipl.-Ing. Moos, Ph. Holzmann AG; Dipl.-Ing. Schleyer, Bilfinger + Berger Bau-AG; Dipl.-Ing. (FH) Schneider, IBQ Ingenieurgesellschaft für Baustoffprüfung und Qualitätssicherung mbH; Dipl.-Ing. Schröter, ehem. Deutscher Beton-Verein E. V. (DBV); Dipl.-Ing. Schwerm, Fachvereinigung Deutscher Betonfertigteilbau e. V. (FDB); Dipl.-Ing. Seemer, A. Kunz GmbH & Co. KG; Dr.-Ing. Seiler, Deutscher Beton-Verein E. V. (DBV); Dipl.-Ing. Wandschneider, E. Heitkamp GmbH.

Es wird gebeten, Erfahrungen mit der Anwendung des Merkblatts und Anregungen zur Verbesserung der Geschäftsstelle des Deutschen Beton-Vereins E. V., Postfach 2126, Bahnhofstr. 61, 6200 Wiesbaden, mitzuteilen.

2 Begriffe

2.1 Das **Mindestmaß min c** der Betondeckung gemäß DIN 1045, Abschnitt 13.2.1, ist der mit ausreichender Zuverlässigkeit einzuhaltende Mindestabstand zwischen der Betonoberfläche und den Bewehrungsstäben.

2.2 Das **Nennmaß nom c** der Betondeckung ist in DIN 1045, Abschnitt 13.2.1, angegeben. Es setzt sich aus dem Mindestmaß und einem Vorhaltemaß zusammen:

$$\text{nom } c = \text{min } c + \Delta c$$

2.3 Das **Vorhaltemaß** Δc der Betondeckung ist in DIN 1045, Abschnitt 13.2.1, angegeben. Es soll die unvermeidlichen Maßabweichungen aus Biegen und Verlegen der Bewehrung, Art und Einbau der Abstandhalter, Herstellung der Schalung sowie Einbringen und Verdichten des Betons abdecken. Das Vorhaltemaß Δc enthält nicht die bei der zerstörungsfreien Nachmessung der Betondeckung am fertigen Bauteil unvermeidlichen Meßfehler (siehe Abschnitt 9 und Anhang).

2.4 Das in DIN 1045, Abschnitt 13.2.1 (3), genannte **Verlegemaß** der Bewehrung – aus den Nennmaßen nom c abgeleitet – ist im allgemeinen der Abstand zwischen der Betonoberfläche und den Stäben der äußeren Bewehrungslage und ist für die Festlegung der Dicke bzw. Höhe der Abstandhalter maßgebend. Zur Unterscheidung von den Nennmaßen wird das gewählte **Verlegemaß** mit **nom c_v** bezeichnet.

3 Forderungen bezüglich der Mindestbetondeckung und des Vorhaltemaßes

3.1 Das in DIN 1045 festgelegte Vorhaltemaß Δc soll sicherstellen, daß die Mindestbetondeckung mit ausreichender Zuverlässigkeit eingehalten wird. Wegen der unvermeidlichen Abmaße von Schalung und Bewehrung ist bei einem Vorhaltemaß $\Delta c = 1,0$ cm – so haben veröffentlichte Messungen [4], [6] sowie den Arbeitskreismitgliedern vorliegende Messungen [5] ergeben – nicht auszuschließen, daß bei systematischen Nachmessungen am fertigen Bauteil (Bauwerksteil) mit statistischer Auswertung etwa 10% aller Meßwerte das festgelegte Mindestmaß min c unterschreiten.

3.2 Bei einem Vorhaltemaß $\Delta c = 1,5$ cm vermindert sich die Häufigkeit der Unterschreitungen des Mindestmaßes auf etwa 5%. Diese Erhöhung des

Vorhaltemaßes ist bei Bauteilen nach DIN 1045, Tabelle 10, Zeilen 2 bis 4, zweckmäßig; wird die Erhöhung vorgenommen, so ist sie bei Planung, Entwurf und Ausführung zu berücksichtigen und in die Leistungsbeschreibung aufzunehmen.

3.3 In besonderen Fällen, z. B. bei schwierigen Herstellungsbedingungen, sollten größere Vorhaltemaße oder weitergehende Maßnahmen zur Sicherstellung der Mindestbetondeckung vereinbart werden.

3.4 Werden in begründeten Fällen (z. B. im Fertigteilwerk) weitergehende Maßnahmen zur Verminderung der Abmaße bei der Herstellung getroffen, können die Forderungen der Abschnitte 3.1 und 3.2 auch mit geringeren Vorhaltemaßen erfüllt werden. Die weitergehenden Maßnahmen sind zu beschreiben, und ihre Wirksamkeit ist zu überprüfen (siehe Abschnitte 4.10, 6.5 und Anhang).

4 Maßnahmen bei der Tragwerksplanung

4.1 Der Tragwerksplaner trägt die Verantwortung dafür, daß alle für die Einhaltung der erforderlichen Betondeckungsmaße notwendigen Angaben (Maße und Maßnahmen) in die Bewehrungszeichnung aufgenommen werden.

4.2 Für die Bemessung (Festlegung der Nutzhöhe h) sind die Nennmaße nom c nach DIN 1045 bzw. die Achsabstände u, u_s oder u_m (letzterer bei mehrlagiger Bewehrung) nach DIN 4102 Teil 4 maßgebend.

4.3 Bei der Konstruktion der Bewehrung ist das für die Abstandhalter maßgebende Verlegemaß nom c_v für diejenigen Bewehrungsstäbe festzulegen, die unterstützt werden sollen; im allgemeinen sind das die der Betonoberfläche am nächsten liegenden Stäbe (z. B. Bügel in Balken; Bild 1).

4.4 Das Verlegemaß nom c_v und möglichst auch das Mindestmaß min c der Betondeckung sind auf der Bewehrungszeichnung anzugeben, z. B. in folgender Weise:

Verlegemaß nom c_v =   cm
Mindestmaß min c =   cm

4.5 Der Ermittlung der Maße der Biegeformen und Abstandhalter ist das Verlegemaß nom c_v zugrundezulegen.

4.6 Die die Betondeckung bestimmenden Maße der Biegeformen sind in den Zeichnungen und Biegelisten als Außenmaße anzugeben.

4.7 Biegeformen mit Paßlängen (Zwangmaßen) sollen vermieden werden. Paßlängen sind zu vermaßen und durch „z" zu kennzeichnen ([7], Abschnitt 5.3 und Tabelle 1).

4.8 Bei der Konstruktion der Bewehrung sind die Hinweise in DIN 1045, Abschnitte 3.2.1 (3) und 13 zu beachten. Darüber hinaus ist besonders zu sorgen für

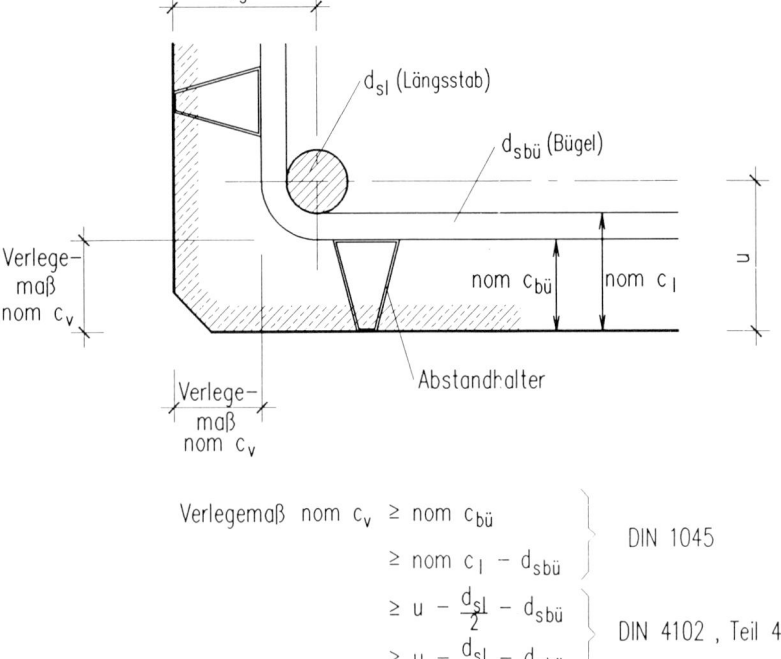

$$\text{Verlegemaß} \quad \text{nom } c_v \geq \text{nom } c_{b\ddot{u}} \left.\begin{array}{l} \\ \geq \text{nom } c_l - d_{sb\ddot{u}} \end{array}\right\} \quad \text{DIN 1045}$$

$$\left.\begin{array}{l} \geq u - \dfrac{d_{sl}}{2} - d_{sb\ddot{u}} \\[2mm] \geq u_s - \dfrac{d_{sl}}{2} - d_{sb\ddot{u}} \end{array}\right\} \quad \text{DIN 4102, Teil 4}$$

Bild 1. Veranschaulichung der Verlegemaße der Bewehrung

Die gewählte Betondeckung muß die Forderungen hinsichtlich des Korrosionsschutzes und der Verbundsicherung für die Längs- und Querbewehrungsstäbe, die Forderungen hinsichtlich des Brandschutzes nur für die Längsstäbe erfüllen. Maßgebend ist der jeweils größte Wert.

Die für den Brandschutz geltenden Betondeckungsmaße u (bzw. u_s, u_m) werden jeweils von der Betonoberfläche bis zur S c h w e r linie der L ä n g s bewehrung gemessen und gelten als N e n n maße (DIN 4102 Teil 4, Abschnitt 3.1.3.1, Ergänzung 1990).

– Wahl der Biegerollendurchmesser nach DIN 1045, Tabelle 18, oder Abschnitt 5.5 dieses Merkblatts. Sind in besonderen Fällen Abweichungen notwendig, sind diese durch „*" zu kennzeichnen, z. B. $d_{br} = 300^*$ mm;

– Berücksichtigung der tatsächlichen Außendurchmesser – einschließlich der Rippen – bei sich kreuzenden oder dicht nebeneinanderliegenden Stäben;

– das Einhalten der Mindeststababstände (DIN 1045, Abschnitt 18.2 und Bild 17), Anordnen von Rüttelgassen und Betonieröffnungen;

– Berücksichtigung von Einbauteilen (z. B. Ankerschienen) und Aussparungen;

- Berücksichtigung der Grenzabmaße der Bewehrungsstäbe und Biegeformen (siehe Abschnitt 5.6);
- Sicherung des Korrosionsschutzes der Bewehrung bei Querschnittsschwächungen, z. B. bei Trapezleisten;
- Sicherung der oberen Bewehrungslage durch Stehbügel oder Unterstützungskörbe (siehe Tabelle 4).

4.9 Die Bewehrungszeichnung muß die für die Betondeckung wichtigen Hauptschalmaße ([7], Abschnitt 7) enthalten.

4.10 Die weitergehenden Maßnahmen, die bei Abweichung von den Forderungen gemäß DIN 1045 bzw. den Empfehlungen der Abschnitte 3.1 und 3.2 bezüglich Δc zu treffen sind (siehe Abschnitte 1, 2. Absatz sowie 3.3 und 3.4), sind in der Bewehrungszeichnung oder in einer gesonderten Arbeitsanweisung, auf die in der Bewehrungszeichnung hinzuweisen ist, zu beschreiben.

4.11 Auf der Bewehrungszeichnung ist zu vermerken, daß die DBV-Merkblätter „Betondeckung" und „Abstandhalter" [8] zu berücksichtigen sind, oder es sind Art und Anordnung der Abstandhalter vorzugeben.

5 Maßnahmen beim Ablängen und Biegen der Bewehrungsstäbe

5.1 Die Einhaltung der Grenzabmaße (Abschnitt 5.6) beim Ablängen und Biegen der Bewehrungsstäbe ist durch eine Überwachung des Biegebetriebs sicherzustellen. Eine Fremdüberwachung des Biegebetriebes ist anzustreben.

5.2 Bei Biegeformen mit Paßlängen ist bei der Ermittlung der Schnittlängen ein „Biegungsabzug" (Länge) zu berücksichtigen, damit sich nicht zu große Längen ergeben, die das Verlegen behindern und die Einhaltung der Betondeckung beeinträchtigen können ([9], Abschnitt 1.4).

5.3 Nach dem Biegen der ersten Stäbe jeder Position sind im Rahmen der Eigenüberwachung jeweils der Stabdurchmesser, die Außen- und Paßmaße sowie die Biegeradien und Biegewinkel zu überprüfen. Die Ergebnisse sind in geeigneter Form schriftlich festzuhalten.

5.4 Es ist zu überprüfen, ob die Angaben der Formen- bzw. Biegeliste (Begriffe siehe [7]) den Regeln für die Biegungsmaße (Abschnitt 5.5) entsprechen. Bei Abweichungen und Änderungen ist Rücksprache mit dem Planverfasser erforderlich.

5.5 In der Regel dürfen keine kleineren als die in der Bewehrungszeichnung bzw. Biegeliste angegebenen Biegerollendurchmesser verwendet werden; Mindestmaße der Biegerollendurchmesser nach DIN 1045, Abschnitt 18.3.1, Tab. 18, oder gemäß Tabelle 1 dieses Merkblatts. In Tabelle 1 wurde zur Vereinfachung die Anzahl der Biegerollendurchmesser minimiert (bei Stabkrümmungen für $d_{br} = 15\ d_s$), wobei in Einzelfällen die Mindestmaße gemäß

BIEGE- UND VERLEGEANWEISUNG

nach Merkblatt Betondeckung (Fassung März 1991)

BIEGEROLLENDURCHMESSER d br

Stabkrümmungen	Haken	Bügel

d_{br} = 15 d_s = Normalfall *)

d_{br} = 4 d_s bzw. 7 d_s

Stab ø ds in mm			Stab ø ds in mm		
6, 8, <u>10</u>, 12	min d_{br} = 150 mm		6, 8, <u>10</u>, 12	min d_{br} = 40 mm	
14, <u>16</u>	min d_{br} = 240 mm		14, <u>16</u>	min d_{br} = 64 mm	
20, <u>25</u>, 28	min d_{br} = 375 mm		20, <u>25</u>, 28	min d_{br} = 175 mm	

*) Wird von d_{br} = 15 d_s abgewichen (möglich bzw. erforderlich in Sonderfällen, siehe DIN 1045, 18.3), Abweichungen .... angeben

Betonstahlsorte(n)	Ⅲ S ☐ Ⅳ S ☐ Ⅳ M ☐ .... ☐
Abstandhalter	Nach den Merkblättern "Abstandhalter" (Typ ....) und "Betondeckung" (Tab.4, Anordnung)
Betondeckung	Verlegemaß(e) : nom c_v = ... (cm)
	Mindestmaß(e) : min c = ... (cm)

Tabelle 1. Standardisierte Angaben für die Bewehrungszeichnung (Biege- und Verlegeanweisung)

DIN 1045 (in akzeptablem Umfang) geringfügig unterschritten werden. – Bei Bügeln sollen keine größeren Biegerollendurchmesser benutzt werden. – Wegen Besonderheiten, z. B. bei mehrlagiger Bewehrung, bei Betonstahlmatten, beim Hin- und Zurückbiegen (siehe DIN 1045, Abschnitt 18.3).

5.6 Die Abmaße (Maßabweichungen) der Bewehrungsstäbe dürfen die in den Tabellen 2 und 3 angegebenen Grenzabmaße nicht überschreiten (Grenzabmaß = Differenz zwischen dem zulässigen Größt- bzw. Kleinstmaß und dem Nennmaß [Sollmaß], siehe [10]). Grenzabmaße in Anlehnung an [9].

Stablänge ℓ [m]	≤ 5,0	> 5,0
Grenzabmaß $\Delta\ell$ [cm] - allgemein	± 1,5	± 2,0
- bei Paßlängen	+ 0 - 0,5	+ 0 - 1,0

Tabelle 2. Grenzabmaße Δl der Schnittlängen beim Ablängen der Bewehrungsstäbe

144

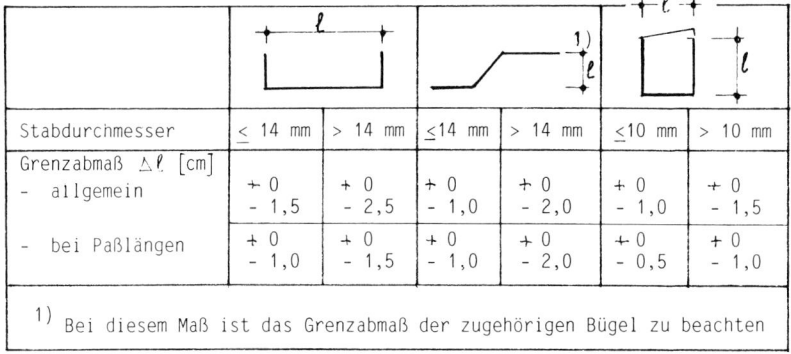

Stabdurchmesser	$\leq$ 14 mm	> 14 mm	$\leq$14 mm	> 14 mm	$\leq$10 mm	> 10 mm
Grenzabmaß $\Delta\ell$ [cm] - allgemein	+ 0 - 1,5	+ 0 - 2,5	+ 0 - 1,0	+ 0 - 2,0	+ 0 - 1,0	+ 0 - 1,5
- bei Paßlängen	+ 0 - 1,0	+ 0 - 1,5	+ 0 - 1,0	+ 0 - 2,0	+ 0 - 0,5	+ 0 - 1,0

[1] Bei diesem Maß ist das Grenzabmaß der zugehörigen Bügel zu beachten

Tabelle 3. Grenzabmaße Δl der gebogenen Bewehrungsstäbe

6 Maßnahmen beim Anliefern und Verlegen der Bewehrung

6.1 Beim Anliefern der Bewehrung sind stichprobenartig zu überprüfen:
- die Betonstahlsorte
- die Übereinstimmung der Maße der Biegeformen mit denen der Bewehrungszeichnung
- die Biegerollendurchmesser (Vergleich Ist-/Sollwerte)
- die Einhaltung der Grenzabmaße gemäß den Tabellen 2 und 3.

6.2 Beim Verlegen der Bewehrung ist besonders zu sorgen für
- das Einhalten der Mindeststababstände
- das Anordnen von Rüttelgassen und Betonieröffnungen
- genügende Steifigkeit des Bewehrungsgeflechts
- Vermeiden des Verbiegens und Verschiebens der Bewehrung, insbesondere beim Montieren von Einbauteilen
- das Einhalten des Verlegemaßes nom c_v auch an ungeschalten Betonoberflächen.

6.3 Zum Einhalten der erforderlichen Verlegemaße sind Abstandhalter entsprechend den Forderungen des DBV-Merkblatts „Abstandhalter" ([8], insbesondere Tabelle 1) einzubauen.

6.4 Das Einhalten der die erforderliche Betondeckung bestimmenden Maße – d. h. die Maße der Schalung (siehe [1], Abschnitt 12.2 [2]), der abgelängten und gebogenen Bewehrung und der Abstandhalter – ist durch eine Überwachung auf der Baustelle bzw. im Fertigteilwerk sicherzustellen.

6.5 Bei der Überwachung der Maße für die Betondeckung der eingebauten Bewehrung sind insbesondere zu überprüfen:

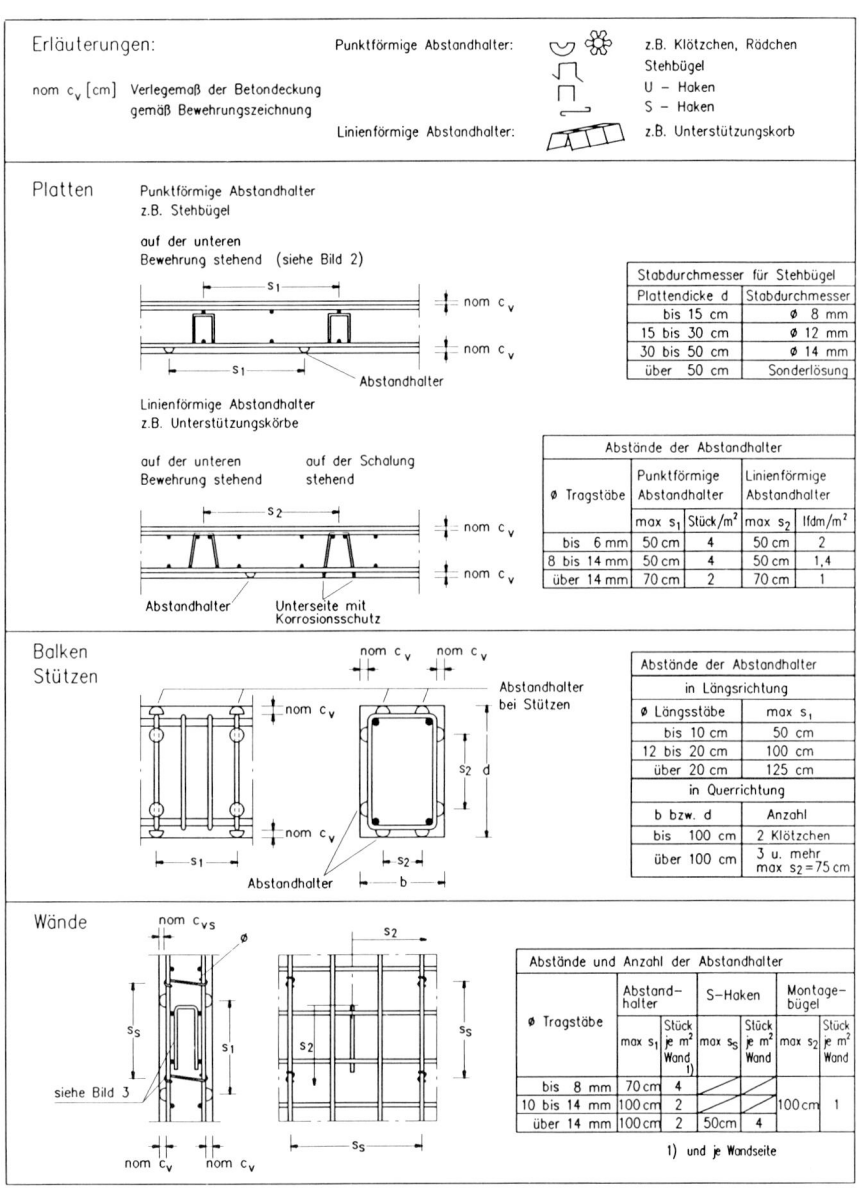

Erläuterungen:

$nom\ c_v\ [cm]$ Verlegemaß der Betondeckung gemäß Bewehrungszeichnung

Punktförmige Abstandhalter: z.B. Klötzchen, Rädchen / Stehbügel / U – Haken / S – Haken

Linienförmige Abstandhalter: z.B. Unterstützungskorb

Platten

Punktförmige Abstandhalter
z.B. Stehbügel

auf der unteren Bewehrung stehend (siehe Bild 2)

s_1 · · · $nom\ c_v$ · · · $nom\ c_v$ · · · s_1 · · · Abstandhalter

Stabdurchmesser für Stehbügel	
Plattendicke d	Stabdurchmesser
bis 15 cm	Ø 8 mm
15 bis 30 cm	Ø 12 mm
30 bis 50 cm	Ø 14 mm
über 50 cm	Sonderlösung

Linienförmige Abstandhalter
z.B. Unterstützungskörbe

auf der unteren Bewehrung stehend   auf der Schalung stehend

s_2 · · · $nom\ c_v$ · · · $nom\ c_v$ · · · Abstandhalter · · · Unterseite mit Korrosionsschutz

Abstände der Abstandhalter			
Ø Tragstäbe	Punktförmige Abstandhalter	Linienförmige Abstandhalter	
	max s_1	Stück/m²	max s_2 lfdm/m²
bis 6 mm	50 cm	4	50 cm	2
8 bis 14 mm	50 cm	4	50 cm	1,4
über 14 mm	70 cm	2	70 cm	1

Balken Stützen

$nom\ c_v$ $nom\ c_v$ · · · Abstandhalter bei Stützen · · · $nom\ c_v$ · · · s_2 d · · · $nom\ c_v$ · · · s_1 · · · s_2 · · · Abstandhalter · · · b

Abstände der Abstandhalter	
in Längsrichtung	
Ø Längsstäbe	max s_1
bis 10 cm	50 cm
12 bis 20 cm	100 cm
über 20 cm	125 cm
in Querrichtung	
b bzw. d	Anzahl
bis 100 cm	2 Klötzchen
über 100 cm	3 u. mehr max s_2 = 75 cm

Wände

$nom\ c_{vs}$ Ø · · · s_2 · · · s_S · · · s_1 · · · s_2 · · · s_S · · · siehe Bild 3 · · · s_S · · · $nom\ c_v$ $nom\ c_v$

Abstände und Anzahl der Abstandhalter							
	Abstand-halter		S–Haken		Montage-bügel		
Ø Tragstäbe	max s_1	Stück je m² Wand 1)	max s_S	Stück je m² Wand	max s_2	Stück je m² Wand	
bis 8 mm	70 cm	4					
10 bis 14 mm	100 cm	2			100 cm	1	
über 14 mm	100 cm	2	50 cm	4			

1) und je Wandseite

Tabelle 4. Abstandhalter; Richtwerte für Anzahl und Anordnung

- Durchmesser, Anzahl und Biegerollendurchmesser der Bewehrungsstäbe
- Lage der Bewehrung in der Schalung: Verlegemaß nom c_v
- Eignung, Höhe bzw. Dicke und Anordnung der Abstandhalter gemäß DBV-Merkblatt „Abstandhalter" [8] und Tabelle 4 dieses Merkblattes (siehe dazu Bild 2 und Bild 3)
- Vorhandensein von Rüttelgassen und Betonieröffnungen
- Mindeststababstände gemäß DIN 1045, Abschnitt 18.2
- gegebenenfalls die Durchführung weitergehender Maßnahmen (siehe Abschnitte 1 [2. Absatz] sowie 3.3 und 3.4).

Stehbügel auf der unteren Bewehrung stehend

Längsschnitt

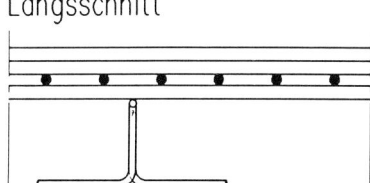

Querschnitt

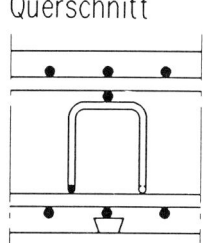

Bild 2. Detail zu Tabelle 4; Platten, Stehbügel

Schnitt

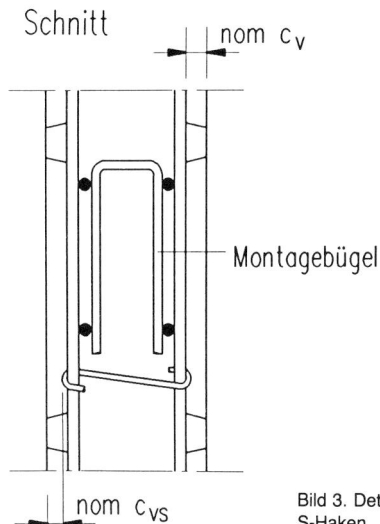

Bild 3. Detail zu Tabelle 4; Wände, Montagebügel, S-Haken

147

7 Maßnahmen beim Herstellen und Verarbeiten des Betons

Über die in DIN 1045, vor allem in den Abschnitten 6.2.1 (Größtkorn), 6.5.3 (Konsistenz), 10.2 (Verarbeiten), 10.3 (Nachbehandeln), 12 (Schalung) und 13.1 (Einbau der Bewehrung) sowie die in den Erläuterungen zu DIN 1045 [2] enthaltenen Forderungen bzw. Empfehlungen hinaus ist zu beachten:

– Durch Anordnen von z. B. Stehbügeln, Unterstützungskörben, zusätzlichen Abstandhaltern, zusätzlichen Bindestellen, Laufbohlen (für den Fall, daß ein Niedertreten der Bewehrung nicht ausgeschlossen ist) ist dafür zu sorgen, daß die Bewehrungsstäbe in ihrer planmäßigen Lage bleiben.

– Auch bei ungeschalten Betonoberflächen ist das erforderliche Verlegemaß nom c_v einzuhalten.

– Im Hinblick auf die Erzielung einer ausreichenden Dichtheit der Betondeckung ist die DAfStb-Richtlinie „Nachbehandlung" [11] zu beachten.

8 Überprüfung am fertigen Bauteil bzw. Bauwerksteil

Im Rahmen der Eigenüberwachung ist vorzugsweise zu Beginn der Bauzeit durch stichprobenartige Überprüfung der Betondeckung am fertigen Bauteil (Bauwerksteil) festzustellen, ob die getroffenen Maßnahmen hinreichend wirksam waren.

9 Abnahme

Im Normalfall kann man davon ausgehen, daß durch die hier festgelegten Vorhaltemaße Δc die Einhaltung der Mindestmaße min c der Betondeckung sichergestellt wird, sofern die in diesem Merkblatt enthaltenen Empfehlungen beachtet werden. Zum Nachweis der Erfüllung der Forderungen von Abschnitt 3 werden im Anhang Verfahren zum Messen der Betondeckung am fertigen Bauteil (Bauwerksteil) und zum Auswerten der Ergebnisse beschrieben.

Anhang

Messen der Betondeckung am fertigen Bauteil (Bauwerksteil) und Auswerten der Ergebnisse (in Vorbereitung).

Schrifttum

[1] DIN 1045 – Beton- und Stahlbeton; Bemessung und Ausführung. Ausgabe Juli 1988.

[2] Seiler, H.-F., Schwerm, D.: Einbau der Bewehrung und Betondeckung. In: Erläuterungen zu DIN 1045 Beton und Stahlbeton, Ausgabe 07.88. Schriftenreihe des Deutschen Ausschusses für Stahlbeton, Heft 400, Seiten 51 bis 59. Beuth Verlag GmbH Berlin und Köln, 1989.

[3] DIN 4102 Teil 4 – Brandverhalten von Baustoffen und Bauteilen; Zusammenstellung und Anwendung klassifizierter Baustoffe, Bauteile und Sonderbauteile. Ausgabe März 1981.

[4] Schuhbauer, A.: Betonüberdeckung und Karbonatisierungstiefe; statistische Untersuchungsmethode an zwei Turmbauwerken. beton 1987, Heft 4, Seiten 157 bis 160.

[5] Schuhbauer, A.: Betondeckung der Bewehrung und Karbonatisierungstiefe – Zur statistischen Auswertung der Untersuchungsergebnisse. Beton- und Stahlbetonbau 1989, Heft 6, Seiten 141 bis 146.

[6] Dillmann, R.: Toleranzen der Betondeckung. Forschungsbericht BI5 – 80 01 89 – 7. Im Auftrag des Bundesministers für Raumordnung, Bauwesen und Städtebau. Oktober 1990.

[7] DIN 1356 Teil 10 – Bauzeichnungen; Bewehrungszeichnungen. Ausgabe Februar 1991.

[8] Deutscher Beton-Verein E. V.: Merkblatt Abstandhalter. Fassung Januar 1987. DBV-Merkblatt-Sammlung, Ausgabe April 1991.

[9] Fachvereinigung Betonfertigteilbau e. V. im BDB, Arbeitskreis Fertigungswesen: Hinweise zur Erzielung einer ordnungsgemäßen Bewehrung von Beton-Fertigteilen. Betonwerk + Fertigteil-Technik 1985, Heft 7, Seiten 473 bis 478.

[10] DIN 18 201 – Toleranzen im Bauwesen; Begriffe, Grundsätze, Anwendung, Prüfung. Ausgabe Dezember 1984.

[11] Deutscher Ausschuß für Stahlbeton: Richtlinie zur Nachbehandlung von Beton, Fassung Februar 1984 (Anlage zum DBV-Rundschreiben Nr. 112/1984).

DEUTSCHER AUSSCHUSS FÜR STAHLBETON

Richtlinie
zur Nachbehandlung
von Beton

(Fassung Februar 1984)

Herausgegeben vom
Deutschen Ausschuß für Stahlbeton · DAfStb
Fachbereich VII des NABau
im DIN Deutsches Institut für Normung e.V.
Bundesallee 216/218 · D-1000 Berlin 15
Telefon (030) 21 26 367

1 Zweckbestimmung

Diese Richtlinie befaßt sich mit Art und Dauer der Nachbehandlungsmaßnahmen, die erforderlich sind, um den frisch eingebrachten Beton gegen vorzeitiges Austrocknen zu schützen und eine ausreichende Erhärtung der oberflächennahen Bereiche unter Baustellenbedingungen sicherzustellen. Die Nachbehandlung ist für die Dauerhaftigkeit der Bauteile und Bauwerke wesentlich.

Die erforderliche Dauer der Nachbehandlung richtet sich in erster Linie nach der Festigkeitsentwicklung des Betons und den Umgebungsbedingungen während der Erhärtung.

Diese Richtlinie ergänzt die Angaben in DIN 1045 (12/78), Abschnitt 10.3.

2 Allgemeines

Um die beabsichtigte Wirkung sicher zu erreichen, ist es zweckmäßig, die Art der Nachbehandlung vor Baubeginn zwischen Auftraggeber und Auftragnehmer zu vereinbaren, im Leistungsverzeichnis welchen der Beton im Laufe der Nutzung des Bauwerks ausgesetzt ist, zu beschreiben und eine auf die jeweiligen Gegebenheiten oder auf besondere Beanspruchungen abgestimmte Nachbehandlung als gesonderte Position auszuweisen.

3 Anwendungsbereich

Die Richtlinie behandelt die im Regelfall auf Baustellen und bei Werkfertigung erforderlichen Maßnahmen.

Maßnahmen bei weiteren Einflüssen, wie z. B. Schwingungen, Erschütterungen, niedrige und hohe Temperaturen oder zu Wärmespannungen führende Temperaturunterschiede, sowie besondere Maßnahmen für im Werk gefertigte Bauteile werden nicht behandelt.

In Sonderfällen, wie z. B. bei sehr feingliedrigen Bauteilen oder bei Bauteilen, an deren Oberfläche besondere Anforderungen gestellt werden, wie z. B. hoher Widerstand gegen Frost- und Tausalzbeanspruchung, gegen chemischen Angriff, gegen Abrieb oder gegen das Eindringen von Flüssigkeiten und Gasen, sind weitergehende Maßnahmen erforderlich.

In Fällen, in denen die Nachbehandlung nicht die o. g. Bedeutung hat, wie z. B. bei Fundamenten, die ganz oder teilweise mit Erde überdeckt sind, können die genannten Maßnahmen vermindert werden, sofern dabei die geforderten Eigenschaften noch erreicht werden.

4 Nachbehandlungsverfahren

4.1 Allgemeines

Gebräuchliche Verfahren sind

- Belassen in der Schalung,
- Abdecken mit Folien,
- Aufbringen wasserhaltender Abdeckungen,
- Aufbringen von flüssigen Nachbehandlungsmitteln,
- kontinuierliches Besprühen mit Wasser

oder eine Kombination aus diesen.

Einzelne der vorgenannten Verfahren, z. B. das Abdecken mit Folien, können mit wärmedämmenden Maßnahmen kombiniert werden.

Die Nachbehandlungsmaßnahmen sind unmittelbar nach dem Einbau des Betons zu ergreifen und ggf. nach dem Entfernen der Schalung fortzusetzen.

4.2 Belassen in der Schalung

Saugende Holzschalung ist möglichst feucht zu halten. Bei Verwendung von Stahlschalung ist ggf. eine ungünstige Aufheizung oder Abkühlung des Betons zu berücksichtigen.

4.3 Abdecken mit Folien

Die Folien werden unmittelbar auf die Betonoberfläche aufgelegt oder so angebracht, daß ein Luftspalt zwischen Oberfläche und Folie verbleibt.

In jedem Fall müssen die Folien die freien Betonoberflächen umschließen und sich an den Stoßbereichen so weit überlappen, daß eine Feuchtigkeitsabgabe an die Umgebung vermieden wird.

Werden besondere Anforderungen an das Aussehen des Betons gestellt, sollen die Folien die Oberfläche nicht berühren.

4.4 Aufbringen wasserhaltender Abdeckungen

Die Betonflächen werden mit wasserhaltenden Matten, z. B. aus Jute, abgedeckt. Die Abdeckungen sind ständig feucht zu halten oder durch eine Folie vor Feuchtigkeitsabgabe zu schützen.

4.5 Aufbringen von flüssigen Nachbehandlungsmitteln

Die zur Zeit verfügbaren Nachbehandlungsmittel [1] unterscheiden sich hinsichtlich der Zusammensetzung, der Verwendungsmöglichkeit, z. B. auf trocknen oder feuchten Betonoberflächen, und der Wirksamkeit. Soweit mit dem vorgesehenen Mittel keine ausreichenden Erfahrungen vorliegen, ist seine Eignung für den vorgesehenen Verwendungszweck zu überprüfen.

Die Nachbehandlungsmittel sind so früh wie möglich und vollflächig aufzubringen.

Es ist zu beachten, daß die Haftfestigkeit später aufzubringender Beschichtungen oder Bekleidungen beeinträchtigt werden kann.

In besonderen Fällen, wie z. B. bei starker Sonnen- und oder Windeinwirkung in den ersten Tagen nach der Herstellung, können zusätzliche Maßnahmen erforderlich werden.

4.6 Kontinuierliches Besprühen mit Wasser

Diese Maßnahme darf nur angewendet werden, wenn der Beton kontinuierlich und flächendeckend besprüht werden kann und sichergestellt ist, daß große Temperaturunterschiede zwischen Betonoberfläche und Wasser nicht auftreten.

5 Dauer der Nachbehandlung

5.1 Allgemeines

Die Nachbehandlungsdauer muß so bemessen werden, daß auch in den oberflächennahen Bereichen eine ausreichende Erhärtung des Betons erreicht wird. Dabei sind die Einflüsse, welchen der Beton im Laufe der Nutzung des Bauwerks ausgesetzt ist, zu berücksichtigen. Es ist zwischen Außenbauteilen (siehe [2]) und Innenbauteilen zu unterscheiden.

Die erforderliche Dauer hängt im wesentlichen von der Zusammensetzung und der Festigkeitsentwicklung des Betons, der Betontemperatur, den Umgebungsbedingungen, wie relative Luftfeuchte, Sonneneinstrahlung und Windgeschwindigkeit, und den Abmessungen des Bauteils ab.

Während der Nachbehandlungszeit sollte möglichst kein Teil der Betonoberfläche kälter als 0 °C werden. Beim Betonieren bei tiefen Temperaturen ist DIN 1045 (12/78), Abschnitt 11, zu beachten.

Die in Abschnitt 5.2 und 5.3 angegebenen Nachbehandlungszeiten sind zu verlängern

- bei Temperaturen der Betonoberfläche unter 0 °C mindestens um die Frostdauer,
- bei verzögertem Beton (siehe [3]) um die Verzögerungszeit,

— bei Beton mit Flugasche unter gleichzeitiger Abminderung des Mindestzementgehalts und/oder Erhöhung des Höchstwasserzementwertes laut Prüfbescheid um 2 Tage.

5.2 Außenbauteile

Tafel 1 enthält für die gebräuchlichen Betonzusammensetzungen Werte der im Regelfall mindestens erforderlichen Nachbehandlungsdauer von Außenbauteilen in Abhängigkeit von der Festigkeitsentwicklung des Betons (schnell, mittel, langsam) und den Umgebungsbedingungen (I, II, III).

Maßgebend für die Nachbehandlungsdauer ist die Umgebungsbedingung am Ende der Nachbehandlungszeit.

Die angegebenen Zeiträume gelten für durchschnittliche Beton- bzw. Lufttemperaturen über 10 °C. Bei Temperaturen unter 10 °C ist die Nachbehandlungsdauer zu verdoppeln.

Die Nachbehandlungsdauer ist über die Angaben in Tafel 1 hinaus zu verlängern für Bauteile, an deren Oberflächen besondere Anforderungen gestellt werden (siehe Abschnitt 3) oder die aus anderen Gründen eine längere Nachbehandlungsdauer erforderlich ist (siehe Abschnitt 5.1).

Soll die im Regelfall mindestens erforderliche Nachbehandlungsdauer verkürzt werden, so ist nachzuweisen, daß der Beton im oberflächennahen Bereich am Ende der Nachbehandlungsdauer mindestens 50% der geforderten Nennfestigkeit erreicht hat.

5.3 Innenbauteile

Im allgemeinen reicht für Innenbauteile eine Nachbehandlungsdauer von einem Tag, bei Betontemperaturen unter 10 °C von zwei Tagen, aus. Für Bauteile, an deren Oberfläche besondere Anforderungen gestellt werden, z. B. für das Aufbringen eines Verbundestrichs, sind die vorgenannten Zeiträume zu verdoppeln.

Tafel 1 Mindestnachbehandlungsdauer in Tagen (1 Tag zu 24 Stunden) für Außenbauteile bei Betontemperaturen [1] über +10 °C

Umgebungs-bedingungen	Festigkeitsentwicklung des Betons gemäß Tafel 2		
	schnell	mittel	langsam
I	1	2	2
II	1	3	4
III	2	4	5

[1] Temperatur der Betonoberfläche, ersatzweise kann die mittlere Lufttemperatur als ungünstiger Grenzwert zugrunde gelegt werden.

Tafel 2 Festigkeitsentwicklung von gebräuchlichen Betonzusammensetzungen

Festigkeits-entwicklung	w/z-Wert	Zement-festigkeitsklasse
schnell	< 0,50	Z 55 Z 45 F
mittel	< 0,50	Z 35 L
	0,50 bis 0,60	Z 55 Z 45 Z 35 F
langsam	< 0,50	Z 35 L – NW/HS Z 25
	0,50 bis 0,60	Z 35 L

*) Anmerkung der Verfasser der Broschüre: Die genannten Zementfestigkeitsklassen basieren auf DIN 1164 Ausgabe 3.90; die neuen Zementfestigkeitsklassen sind in Tafel 2.16 eingearbeitet, die die obenstehenden Tafeln 1, 2 und 3 der Richtlinie zusammenfaßt.

Tafel 3 Umgebungsbedingungen

Umgebungs-bedingung	Bedingungen für die Einordnung [2]
I	Vor unmittelbarer Sonneneinstrahlung und vor Windeinwirkung geschützt sowie eine rel. Luftfeuchte durchgehend nicht unter 80%.
II	Mittlere Sonneneinstrahlung und/oder mittlere Windeinwirkung und/oder rel. Luftfeuchte nicht unter 50% abfallend.
III	Starke Sonneneinstrahlung und/oder starke Windeinwirkung und/oder rel. Luftfeuchte unter 50%.

[2] Für die Einordnung ist der jeweils ungünstigste der drei genannten Einflüsse maßgebend.

Schrifttum

[1] Technische Lieferbedingungen für flüssige Beton-Nachbehandlungsmittel (Ausgabe 1978), Forschungsgesellschaft für Straßen- und Verkehrswesen, Alfred-Schütte-Str. 10, 5000 Köln 21.

[2] Richtlinie zur Verbesserung der Dauerhaftigkeit von Außenbauteilen aus Stahlbeton (März 1983), Deutscher Ausschuß für Stahlbeton, Bundesallee 216/218, 1000 Berlin 15. Verkauf durch Beuth Verlag GmbH, Berlin. Vertriebs-Nr. 65007.

[3] Vorläufige Richtlinie für Beton mit verlängerter Verarbeitbarkeitszeit (Verzögerter Beton), März 1983, Deutscher Ausschuß für Stahlbeton, Bundesallee 216/218, 1000 Berlin 15. Verkauf durch Beuth Verlag GmbH, Berlin. Vertriebs-Nr. 65008.

Sachwortverzeichnis